육 · 해 · 공군 · 해병대

부사관

FINAL

300제

KIDA 간부선발도구 + 고난도 문제

한권으로 끝내기

SD에듀
(주)시대고시기획

머리말

군의 중추 역할을 하는 부사관은 스스로 명예심과 자긍심을 갖고, 개인보다는 상대를 배려할 줄 아는 공동체 의식을 견지하며 매사 올바른 사고와 판단으로 건설적인 사고를 함으로써 군과 국가에 기여하는 전문성을 겸비한 인재를 말합니다. 이런 중요한 임무를 띠고 있는 만큼 경쟁력 있는 부사관을 선발하기 위해 그 과정에 심혈을 기울이고 있습니다.

특히 각 군은 특성에 맞는 적합한 인재를 선발하기 위해 지원자들을 별도의 KIDA 간부선발도구 필기시험을 통해 평가합니다.

이에 SD에듀에서는 다년간 부사관 도서 시리즈 누적 판매 1위라는 출간 경험과 모집전형의 철저한 모니터링을 통하여 수험생들이 더욱 효과적인 마무리 학습을 할 수 있도록 본서를 출간하였습니다.

본서가 모든 수험생에게 시험 여정을 마무리하기 위한 좋은 지침서가 되기를 바라며, 시험을 준비하는 모든 부사관 후보생에게 행운이 함께하기를 기원합니다.

부사관수험기획실 씀

육군 부사관 모집 공고

↻ 부사관 모집일정(예정)

	모집기수	접 수	필기시험	신체/면접	최종 발표
민간 부사관 (남·여)	1 기	23년 12월	24년 1월	1월~3월	4월
	2 기	3월	4월	5월~6월	7월
	3 기	7월~8월	8월	9월~10월	11월~12월

※ 상기 일정은 2023년도 연간계획을 토대로 예측한 것으로, 상세 일정은 변동될 수 있습니다.

↻ 지원자격(RNTC 공통적용)

❶ 사상이 건전하고 품행이 단정하며 체력이 강건한 대한민국 남/여

❷ 연령: 임관일 기준 만 18~29세(군 미필자 기준)

　※ 제대군인지원에 관한 법률 시행령 제19조에 따라 응시연령 상한 연장

❸ 학력: 고등학교 이상 졸업자 또는 동등 이상의 학력 소지자

　※ 중학교 졸업자는 「국가기술자격법」에 의한 자격증 소지자 지원 가능

❹ 신체조건: 신체등위 3급 이상, BMI 등위 2급 이상

　※ BMI 등급 3급도 지원 가능하나 선발위원회에서 합·불 여부 판정

신 장(cm)	등급	1 급	2 급	3 급	4 급
남	여				
161 미만	155 미만	–	–	17 이상~33 미만	17 미만, 33 이상
161 이상	155 이상	20 이상~25 미만	18.5 이상~20 미만 25 이상~30 미만	17 이상~18.5 미만 30 이상~33 미만	17 미만, 33 이상

※ 시력(교정시력) 양안 모두 0.6 이상
※ 문신의 가로 및 세로 최장축의 길이를 곱한 문신의 합계면적이 120cm^2 이하일 경우 지원 가능

↻ 모집과정

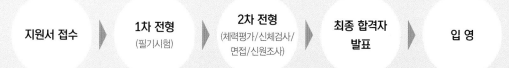

지원서 접수　▶　1차 전형 (필기시험)　▶　2차 전형 (체력평가/신체검사/면접/신원조사)　▶　최종 합격자 발표　▶　입 영

해군 부사관 모집 공고

※ 2023년 선발을 기준으로 작성한 것이므로 정확한 시험 정보는 최신 공고를 확인해 주시기 바랍니다.

부사관 모집일정(예정)

모집기수	접 수	필기시험	신체/면접	최종 발표
283기	23년 9~10월	11월	12월	24년 2월
284기	23년 12~1월	24년 2월	3월	5월
285기	3~4월	5월	5월	8월
286기	6~7월	8월	9월	11월
24년 RNTC	3~4월	5월	5~6월	7월

※ 상기 일정은 2023년도 연간계획을 토대로 예측한 것으로, 상세 일정은 변동될 수 있습니다.

지원자격(RNTC 공통적용)

❶ 사상이 건전하고 품행이 단정하며 체력이 강건한 대한민국 남/여

❷ 연령: 임관일 기준 만 18~29세(군 미필자 기준)

　※ 제대군인지원에 관한 법률 시행령 제19조에 따라 응시연령 상한 연장

❸ 학력: 고등학교 이상 졸업자 또는 동등 이상의 학력 소지자

　※ 중학교 졸업자 중 지원계열 관련 「국가기술자격법」에 의한 자격증 소지자 지원 가능

❹ 신체검사

구분	신 장	체 중(BMI)	시 력
남	159cm 이상~196cm 미만	BMI 17 이상, 33 미만(kg/m²)	0.6 이상(색맹/색약 관련 사항은 지원자격 확인)
여	152cm 이상~184cm 미만		

※ 문신, 질병 등 신체검사 사항은 해본 의무실(042-553-1725)로 문의

모집과정

지원서 접수 ▶ 1차 전형 (필기시험) ▶ 2차 전형 (인성검사/ 신체검사/면접) ▶ 최종합격자 발표 ▶ 입 영

공군 부사관 모집 공고

※ 2023년 선발을 기준으로 작성한 것이므로 정확한 시험 정보는 최신 공고를 확인해 주시기 바랍니다.

⟳ 부사관 모집일정(예정)

모집기수	접 수	필기시험	신체/면접	최종발표
249기	23년 12월	24년 1월	3월	6월
250기	4월	5월	7월	10월
251기	8월	9월	11월	25년 2월

※ 상기 일정은 2023년도 연간계획을 토대로 예측한 것으로, 상세 일정은 변동될 수 있습니다.

⟳ 지원자격(RNTC 공통적용)

❶ 사상이 건전하고 품행이 단정하며 체력이 강건한 대한민국 남/여

❷ 연령: 임관일 기준 만 18~29세(군 미필자 기준)

   ※ 제대군인지원에 관한 법률 시행령 제19조에 따라 응시연령 상한 연장

❸ 학력: 고등학교 이상 졸업자 또는 동등 이상의 학력 소지자

   ※ 중학교 졸업자 중 지원계열 관련 「국가기술자격법」에 의한 자격증 소지자 지원 가능
   ※ 단, RNTC의 경우 영진전문대학교에 재학중인 1학년 및 2학년 지원가능

❹ 신체검사

구 분	신 장	체 중(BMI)	시 력	신체등급
남	159cm 이상~204cm 미만	17 이상~33 미만	• 교정시력 주안 0.7 이상, 부안 0.5 이상 • 색각 이상(색약/색맹)인 사람은 별도 기준 적용	1~3급
여	155cm 이상~185cm 미만			

※ 시력 교정수술을 한 사람은 입대 전 최소 3개월 이상 회복기간 권장

⟳ 모집과정

지원서 접수 ▶ 1차 전형 (필기시험) ▶ 2차 전형 (AI면접/신체검사/면접) ▶ 입영 전형 (정밀신체검사/인성검사 등) ▶ 최종 합격자 발표 ▶ 입 영

해병대 부사관 모집 공고

※ 2023년 선발을 기준으로 작성한 것이므로 정확한 시험 정보는 최신 공고를 확인해 주시기 바랍니다.

🔵 부사관 모집일정(예정)

모집기수	접 수	필기시험	신체/면접	최종 발표
405기(남/여)	23년 10월	11월	12월	24년 2월
406기(남/여)	23년 12월	24년 2월	2월	4월
407기(남)	2월	3월	4월	6월
408기(남/여)	4월	5월	6월	8월
409기(남)	6월	7월	8월	10월
410기(남/여)	8월	9월	10월	12월
411기(남)	10월	11월	12월	25년 2월
412기(남/여)	12월	25년 1월	2월	5월

※ 상기 일정은 2023년도 연간계획을 토대로 예측한 것으로, 상세 일정은 변동될 수 있습니다.

🔵 지원자격(RNTC 공통적용)

❶ 사상이 건전하고 품행이 단정하며 체력이 강건한 대한민국 남/여

❷ 연령: 임관일 기준 만 18~29세(군 미필자 기준)

  ※ 제대군인지원에 관한 법률 시행령 제19조에 따라 응시연령 상한 연장

❸ 학력: 고등학교 졸업자 또는 동등 이상의 학력 소지자

  ※ 단, RNTC의 경우 여주대학교에 재학 중인 1학년 및 2학년 지원 가능

❹ 신체조건

구 분	신 장	체 중(BMI)	시 력
남	159cm~195cm	3급 이상	• 교정시력 0.7 이상 • 색맹: 지원 불가 • 색약: 지원 가능
여	153cm~183cm		
수색 병과 (남)	160cm~195cm		• 나안시력: 0.5 이상 • 색맹, 색약: 지원 불가

🔵 모집과정

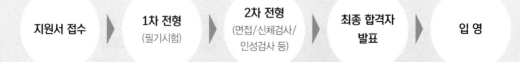

지원서 접수 ▶ 1차 전형 (필기시험) ▶ 2차 전형 (면접/신체검사/인성검사 등) ▶ 최종 합격자 발표 ▶ 입 영

이 책의 구성과 특징

1 문제편

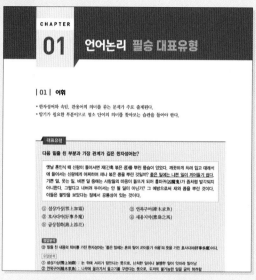

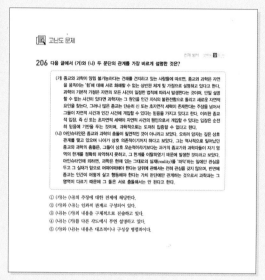

▶ **Final 300제 수록:** 고난도 및 필수 문제 300개를 풀어보며 최종 마무리 학습을 해보세요. 고득점 달성이 가능합니다.
▶ **영역 분석:** 출제 영역 및 난도를 확인하여 부족한 영역을 파악해 보세요. 실력 향상에 많은 도움이 됩니다.

2 해설편

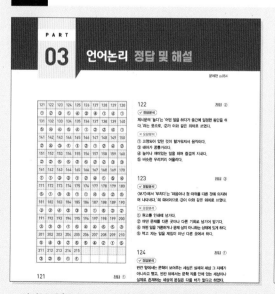

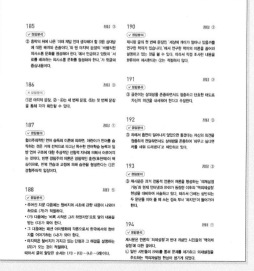

▶ **정답분석/오답분석:** 정확하고 상세한 정답 및 오답분석을 수록하여 혼자서도 학습할 수 있습니다.

이 책의 차례

PART

01

공간능력

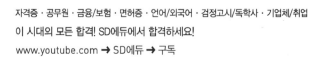

01 공간능력 필승 대표유형

| 01 | 전개도

- 전개도 펼침(5문제), 전개도 닫힘(5문제)으로 구성된다.
- 서로 붙어 있는 면을 활용하여 정답을 유추해야 한다.
- 회전효과가 반영되지 않는 문자와 기호들을 좌우로 굴리며 문제풀이에 이용해야 한다.

대표유형

다음 입체도형의 전개도로 알맞은 것은?

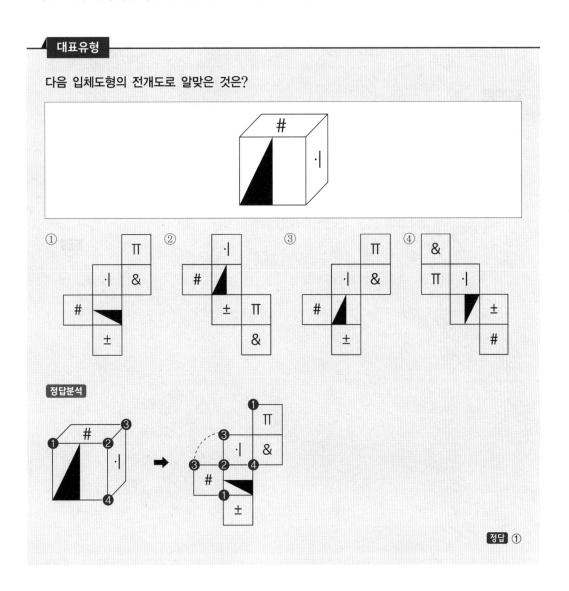

정답분석

정답 ①

다음 전개도의 입체도형으로 알맞은 것은?

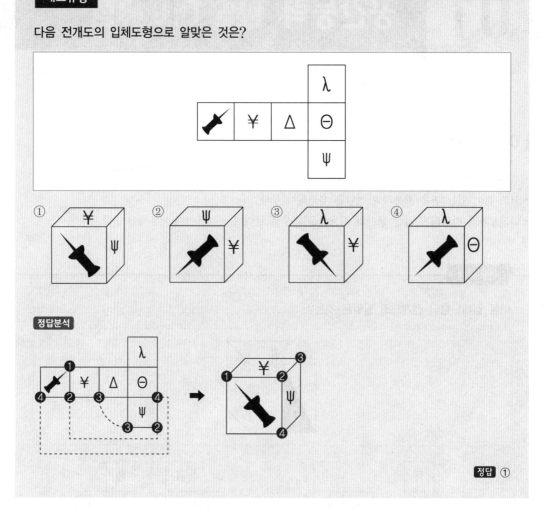

| 02 | 블록 개수 세기

- 블록 개수 세기 유형은 총 4문제가 출제된다.
- 보이는 블록뿐만 아니라 숨겨진 블록까지 빠짐없이 세야 한다.
- 층 단위 산법과 열 단위 산법 중 빠르게 풀 수 있는 것을 택하여 연습하도록 한다.

대표유형

아래에 제시된 그림과 같이 쌓기 위해 필요한 블록의 수를 고르시오.

* 블록은 모양과 크기가 모두 동일한 정육면체임

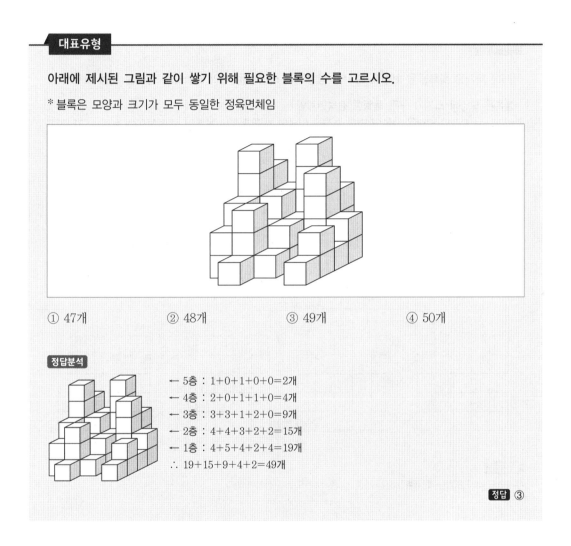

① 47개　　　　② 48개　　　　③ 49개　　　　④ 50개

정답분석

← 5층 : 1+0+1+0+0=2개
← 4층 : 2+0+1+1+0=4개
← 3층 : 3+3+1+2+0=9개
← 2층 : 4+4+3+2+2=15개
← 1층 : 4+5+4+2+4=19개
∴ 19+15+9+4+2=49개

정답 ③

| 03 | 겨냥도 찾기

- 겨냥도 찾기 유형은 총 4문제가 출제된다.
- 정면 혹은 측면(좌측 · 우측 · 상단)에서 바라보았을 때 일치하는 모양을 각 열의 층수를 세어 찾는다.
- 좌측 · 우측 · 상단의 경우에는 회전해서 연상하는 능력이 요구된다.

대표유형

아래에 제시된 블록들을 화살표 표시한 방향에서 바라봤을 때의 모양으로 알맞은 것을 고르시오.

* 블록은 모양과 크기가 모두 동일한 정육면체임
* 바라보는 시선의 방향은 블록의 면과 수직을 이루며 원근에 의해 블록이 작게 보이는 효과는 고려하지 않음

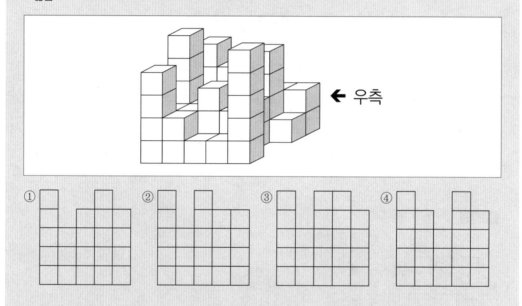

정답분석
우측에서 바라보았을 때, 5층 – 3층 – 5층 – 4층 – 4층으로 구성되어 있다.

정답 ②

[01~16] 다음에 이어지는 문제에 답하시오.

- 입체도형을 펼쳐 전개도를 만들 때, 전개도에 표시된 그림(예 : ▐, ◻ 등)은 회전의 효과를 반영함. 즉, 본 문제의 풀이과정에서 보기의 전개도 상에 표시된 "▐"와 "▬"은 서로 다른 것으로 취급함.
- 단, 기호 및 문자(예 : ☎, ✿, ♨, K, H 등)의 회전에 의한 효과는 본 문제의 풀이과정에 반영하지 않음. 즉, 입체도형을 펼쳐 전개도를 만들 때, "⊡"의 방향으로 나타나는 기호 및 문자도 보기에서는 "☎"의 방향으로 표시하며 동일한 것으로 취급함.

01 다음 입체도형의 전개도로 알맞은 것은?

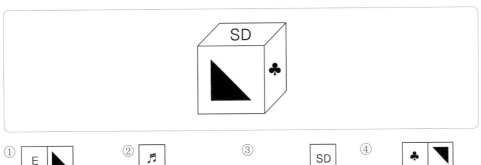

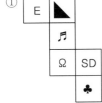 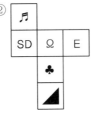 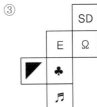 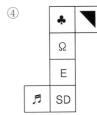

다음 입체도형의 전개도로 알맞은 것은?

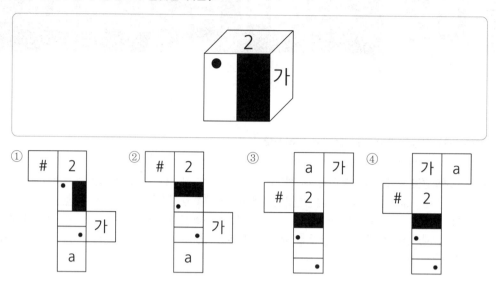

다음 입체도형의 전개도로 알맞은 것은?

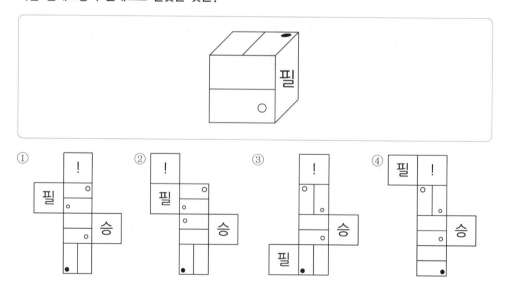

04 다음 입체도형의 전개도로 알맞은 것은?

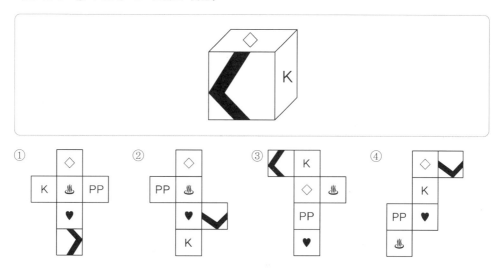

05 다음 입체도형의 전개도로 알맞은 것은?

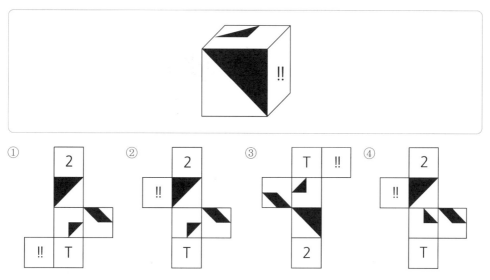

06 다음 입체도형의 전개도로 알맞은 것은?

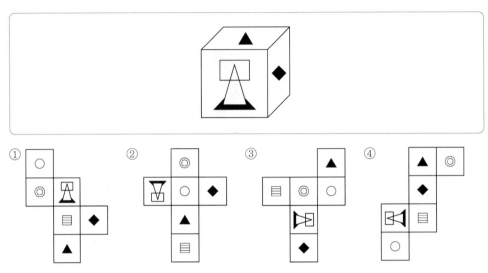

07 다음 입체도형의 전개도로 알맞은 것은?

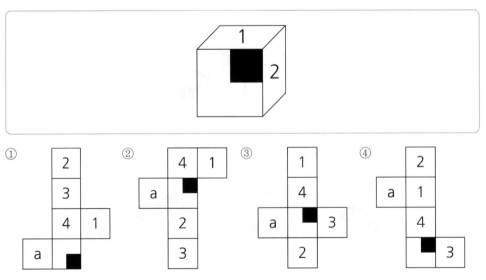

08 다음 입체도형의 전개도로 알맞은 것은?

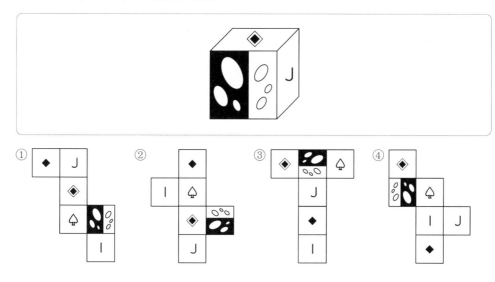

09 다음 입체도형의 전개도로 알맞은 것은?

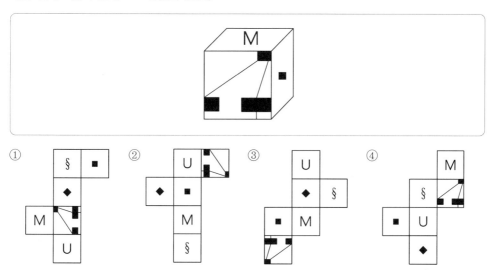

10 다음 입체도형의 전개도로 알맞은 것은?

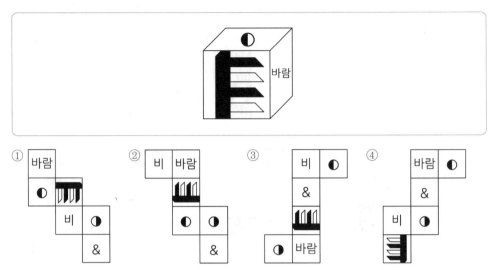

11 다음 입체도형의 전개도로 알맞은 것은?

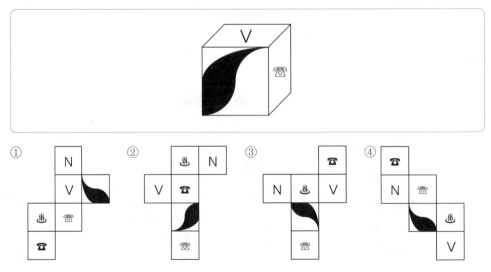

12 다음 입체도형의 전개도로 알맞은 것은?

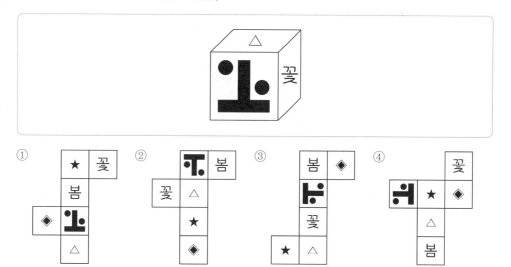

13 다음 입체도형의 전개도로 알맞은 것은?

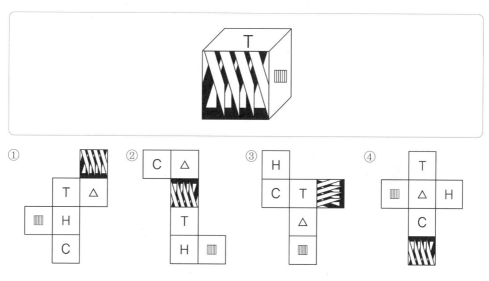

14 다음 입체도형의 전개도로 알맞은 것은?

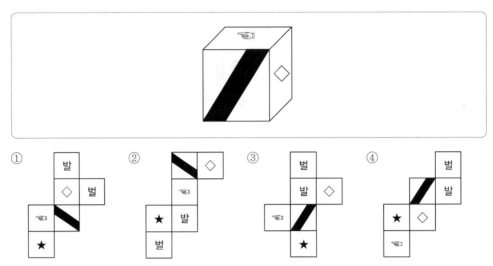

15 다음 입체도형의 전개도로 알맞은 것은?

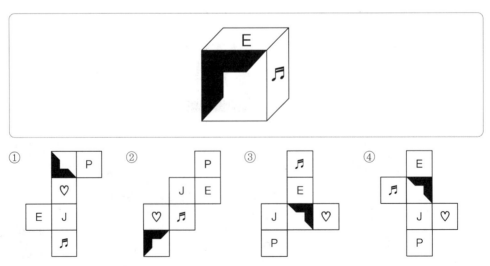

16 다음 입체도형의 전개도로 알맞은 것은?

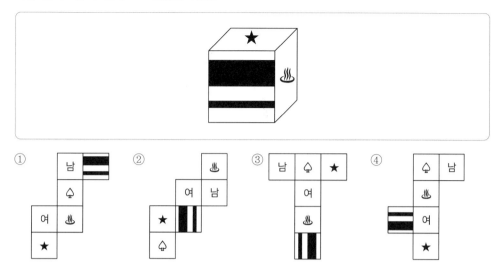

[17~32] 다음에 이어지는 문제에 답하시오.

- 전개도를 접어 입체도형을 만들 때, 입체도형에 표시된 그림(예 : █, ◪ 등)은 회전의 효과를 반영함.
  즉, 본 문제의 풀이과정에서 보기의 입체도형 상에 표시된 "█"와 "▄"은 서로 다른 것으로 취급함.
- 단, 기호 및 문자(예 : ☎, ♨, ♨, K, H 등)의 회전에 의한 효과는 본 문제의 풀이과정에 반영하지 않음.
  즉, 전개도를 접어 입체도형으로 만들 때, "⊡"의 방향으로 나타나는 기호 및 문자도 보기에서는 "⊡"의
  방향으로 표시하며 동일한 것으로 취급함.

17 다음 전개도의 입체도형으로 알맞은 것은?

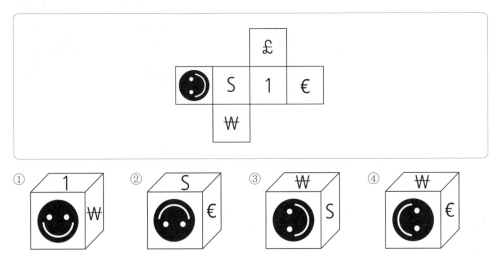

18 다음 전개도의 입체도형으로 알맞은 것은?

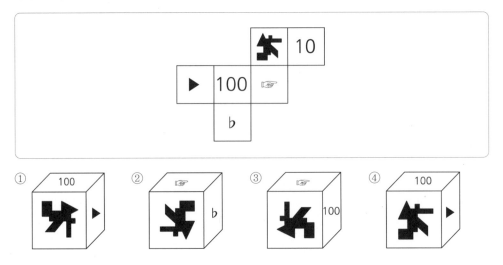

19 다음 전개도의 입체도형으로 알맞은 것은?

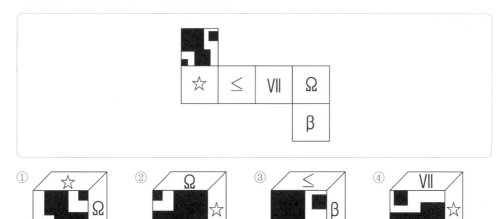

20 다음 전개도의 입체도형으로 알맞은 것은?

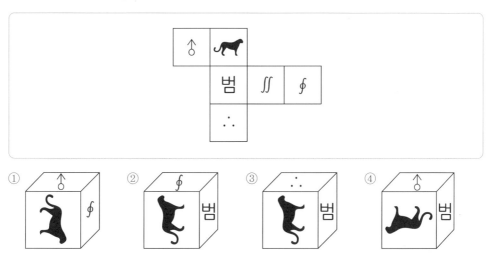

21 다음 전개도의 입체도형으로 알맞은 것은?

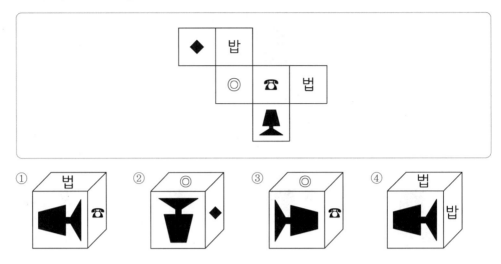

22 다음 전개도의 입체도형으로 알맞은 것은?

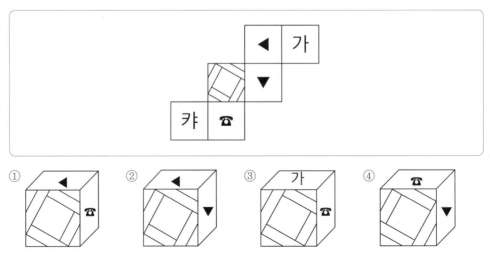

23 다음 전개도의 입체도형으로 알맞은 것은?

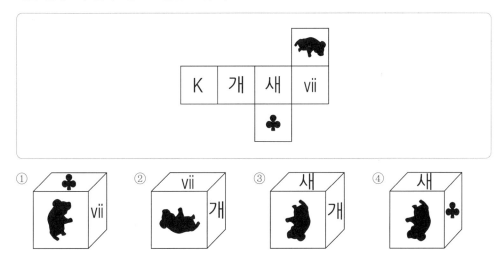

24 다음 전개도의 입체도형으로 알맞은 것은?

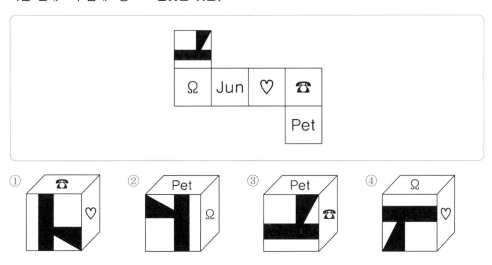

25 다음 전개도의 입체도형으로 알맞은 것은?

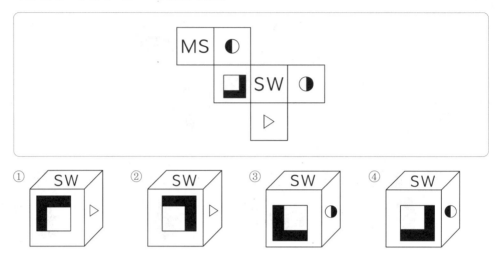

26 다음 전개도의 입체도형으로 알맞은 것은?

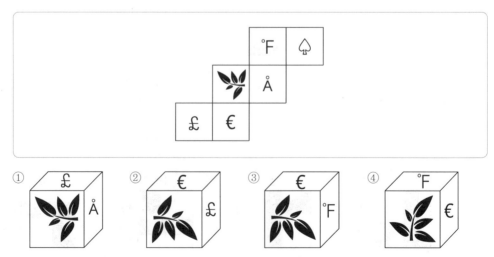

27 다음 전개도의 입체도형으로 알맞은 것은?

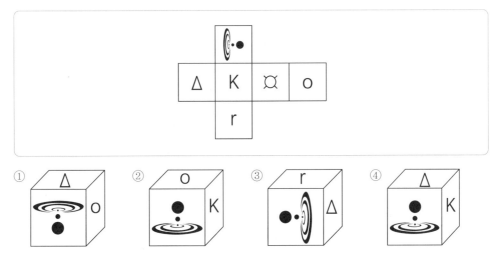

28 다음 전개도의 입체도형으로 알맞은 것은?

29 다음 전개도의 입체도형으로 알맞은 것은?

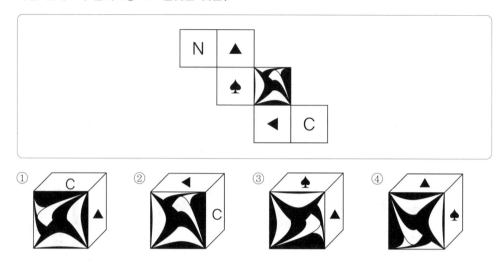

30 다음 전개도의 입체도형으로 알맞은 것은?

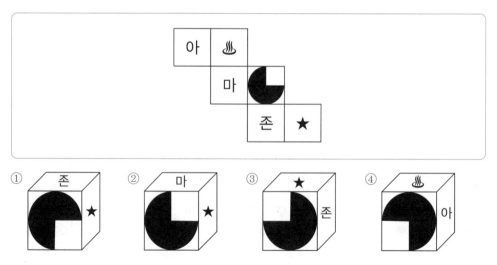

31 다음 전개도의 입체도형으로 알맞은 것은?

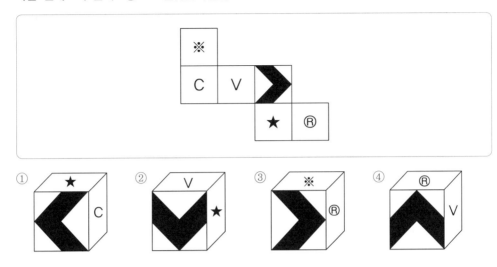

32 다음 전개도의 입체도형으로 알맞은 것은?

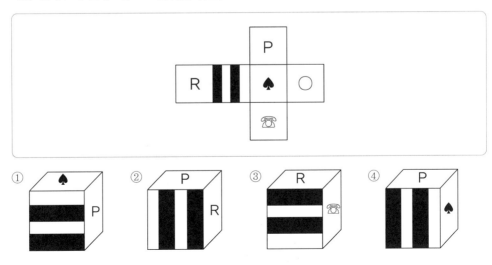

[33~47] 아래에 제시된 그림과 같이 쌓기 위해 필요한 블록의 수를 고르시오.

* 블록은 모양과 크기가 모두 동일한 정육면체임

33

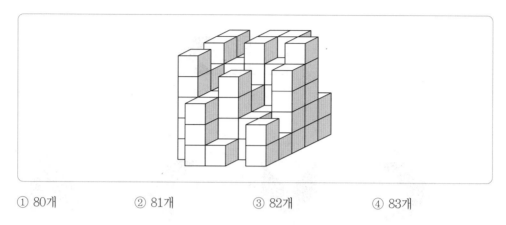

① 80개　　　② 81개　　　③ 82개　　　④ 83개

34

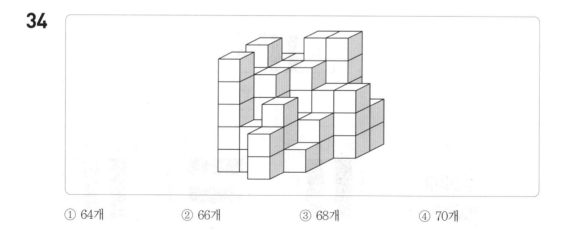

① 64개　　　② 66개　　　③ 68개　　　④ 70개

35

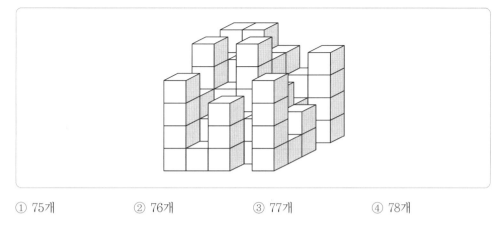

① 75개　　　② 76개　　　③ 77개　　　④ 78개

36

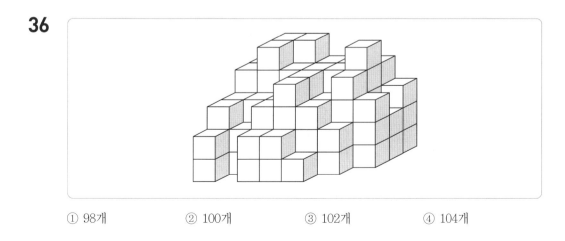

① 98개　　　② 100개　　　③ 102개　　　④ 104개

37

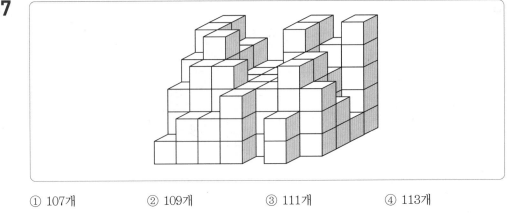

① 107개   ② 109개   ③ 111개   ④ 113개

38

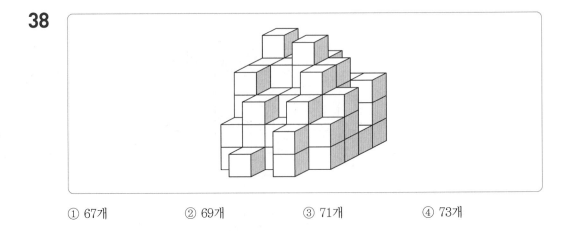

① 67개   ② 69개   ③ 71개   ④ 73개

39

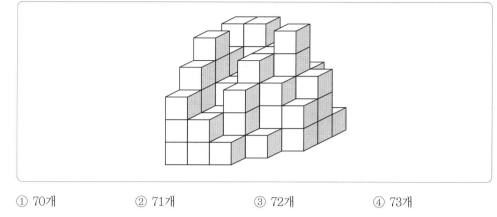

① 70개   ② 71개   ③ 72개   ④ 73개

40

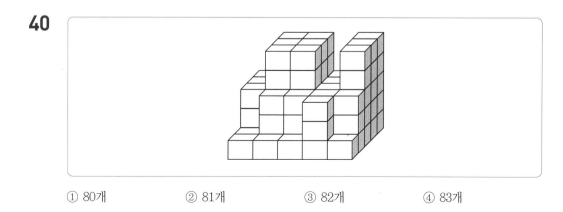

① 80개   ② 81개   ③ 82개   ④ 83개

41

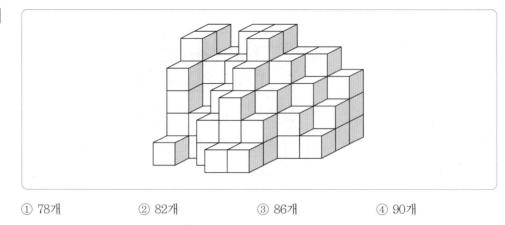

① 78개   ② 82개   ③ 86개   ④ 90개

42

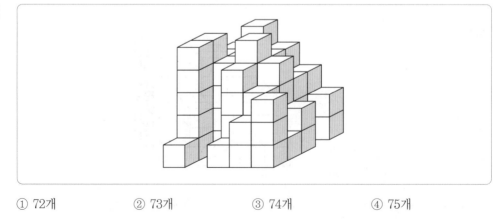

① 72개   ② 73개   ③ 74개   ④ 75개

43

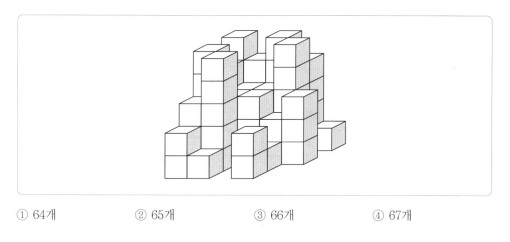

① 64개   ② 65개   ③ 66개   ④ 67개

44

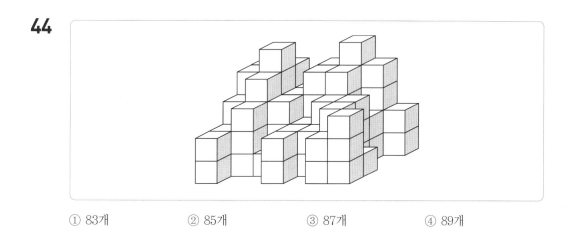

① 83개   ② 85개   ③ 87개   ④ 89개

45

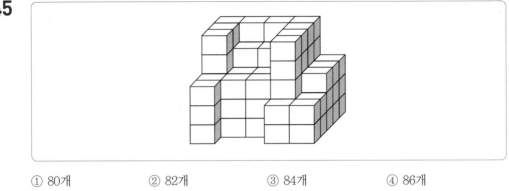

① 80개   ② 82개   ③ 84개   ④ 86개

46

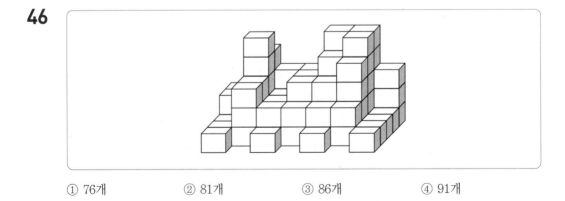

① 76개   ② 81개   ③ 86개   ④ 91개

47

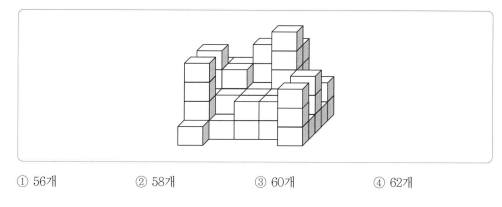

① 56개   ② 58개   ③ 60개   ④ 62개

[48~60] 아래에 제시된 블록들을 화살표 표시한 방향에서 바라봤을 때의 모양으로 알맞은 것을 고르시오.

* 블록은 모양과 크기가 모두 동일한 정육면체임

* 바라보는 시선의 방향은 블록의 면과 수직을 이루며 원근에 의해 블록이 작게 보이는 효과는 고려하지 않음

48

↓ 상단

①   ②   ③   ④

49

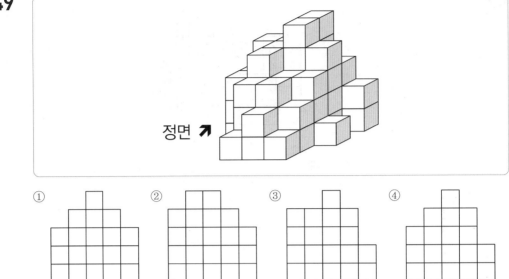

① ② ③ ④

50

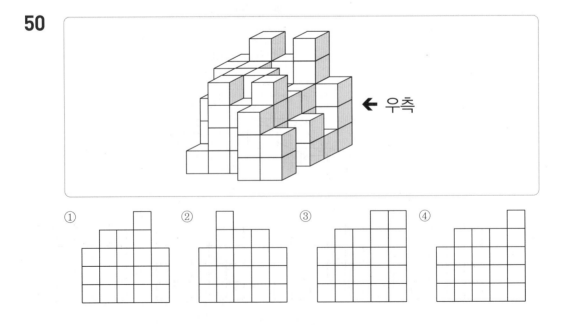

① ② ③ ④

51

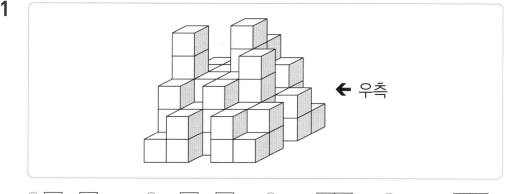

← 우측

①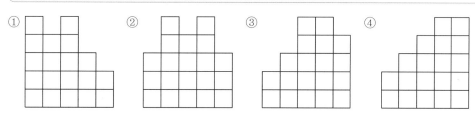

②

③

④

52

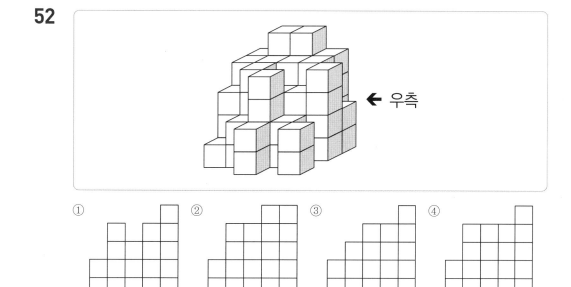

← 우측

①

②

③

④

53

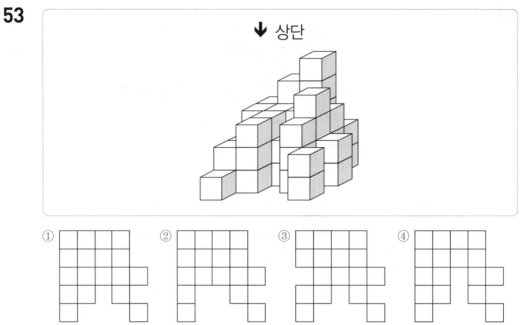

54

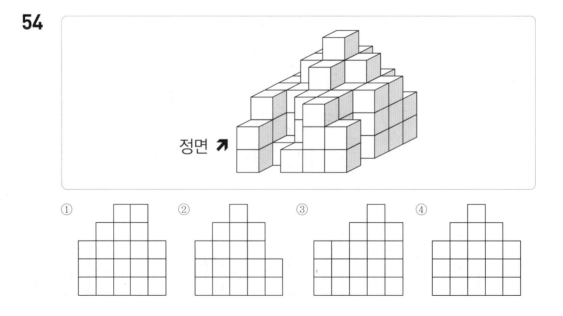

55

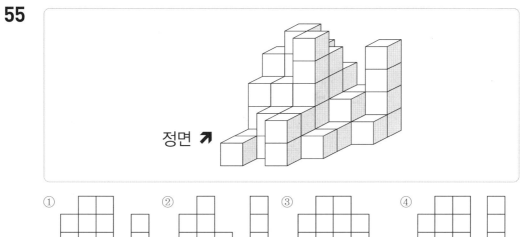

정면 ↗

① ② ③ ④

56

↓ 상단

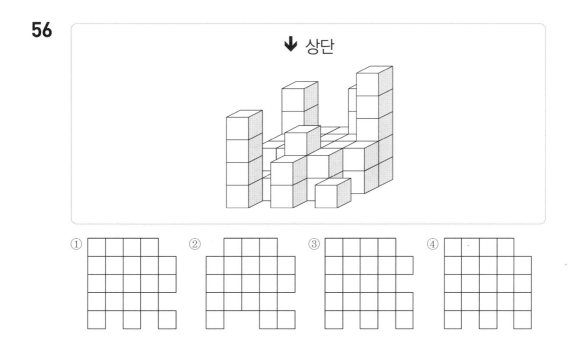

① ② ③ ④

57

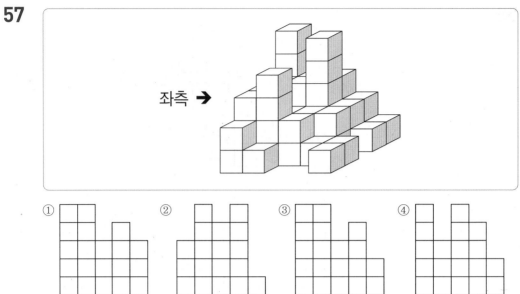

① ② ③ ④

58

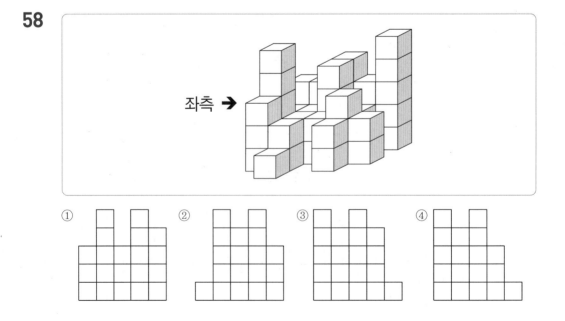

① ② ③ ④

59

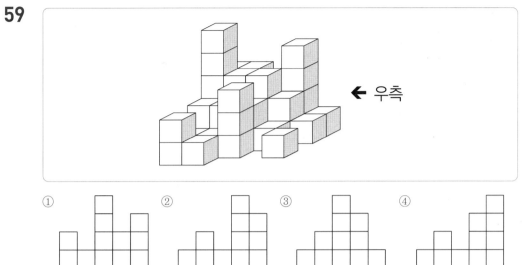

← 우측

① ② ③ ④

60

↓ 상단

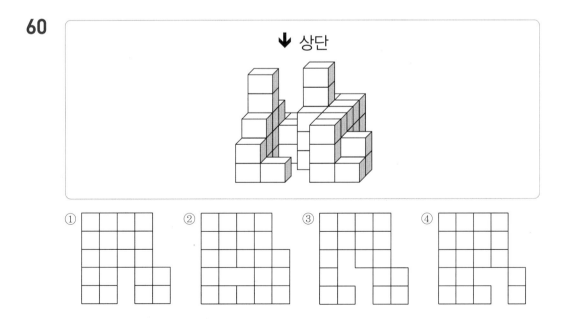

① ② ③ ④

배우기만 하고 생각하지 않으면 얻는 것이 없고,
생각만 하고 배우지 않으면 위태롭다.

– 공자 –

02

지각속도

지각속도 필승 대표유형

| 01 | 기호, 문자, 숫자의 대응 관계

• 5개씩 4set, 총 20문제가 출제된다.
• 왼쪽에서부터 일일이 체크하며 푸는 방법과 〈보기〉에서 하나를 선택하여 5문제를 한꺼번에 확인하는 방법 중 하나를 선택하여 풀이에 적용한다.

대표유형

다음 〈보기〉의 왼쪽과 오른쪽 기호의 대응을 참고하여 각 문제의 대응이 같으면 답안지에 '① 맞음'을, 틀리면 '② 틀림'을 선택하시오.

〈보기〉				
빨강 = 국군	주황 = 해군	노랑 = 공군	초록 = 해병대	파랑 = 육군
남색 = 하사	보라 = 중사	다홍 = 상사	연두 = 원사	검정 = 준위

주황 노랑 보라 검정 남색 − 해군 공군 육군 원사 하사	① 맞음 ② 틀림

정답분석
해군 공군 육군 원사 하사 → 해군 공군 <u>중사</u> <u>준위</u> 하사

정답 ②

| 02 | 기호, 문자, 숫자의 해당 개수 식별

다음 〈보기〉에서 각 문제의 왼쪽에 표시된 굵은 글씨체의 기호, 문자, 숫자의 개수를 모두 세어 오른쪽에서 찾으시오.

〈보기〉	〈개수〉
ㄴ 왜 우리는 늘 비석 없는 무덤들처럼 공허한 것일까. 대체 왜	① 6개　② 7개　③ 8개　④ 9개

정답분석

왜 우리<u>는 늘</u> 비석 없<u>는</u> 무덤들처럼 공허한 것일까. 대체 왜 (6개)

정답 ①

지각속도 Final 실전문제

정답 및 해설 p.171

[61~100] 다음 〈보기〉의 왼쪽과 오른쪽 기호의 대응을 참고하여 각 문제의 대응이 같으면 답안지에 '① 맞음'을, 틀리면 '② 틀림'을 선택하시오.

● 보 기 ●

Li = 모포	Sc = 막사	Al = 단가	Ti = 냉동	Ca = 훈련
Na = 동계	Ir = 병사	Mg = 성명	Ag = 근무	Ge = 전투

61	Ti Sc Na Ag Ir － 냉동 병사 동계 근무 막사	① 맞음	② 틀림
62	Ti Ge Na Sc Mg － 냉동 전투 동계 막사 성명	① 맞음	② 틀림
63	Ir Al Na Sc Ti － 병사 단가 동계 막사 냉동	① 맞음	② 틀림
64	Ca Al Ti Mg Sc － 훈련 단가 냉동 전투 막사	① 맞음	② 틀림
65	Ag Sc Li Ir Ti － 근무 막사 모포 병사 냉동	① 맞음	② 틀림

● 보 기 ●

해인사 = ○	수덕사 = ▲	미황사 = ▽	선운사 = ★	마곡사 = □
불국사 = ●	대흥사 = △	동학사 = ▼	신흥사 = ☆	조계사 = ■

66	수덕사 해인사 신흥사 조계사 불국사 － ▲ ○ ☆ ■ ●	① 맞음	② 틀림
67	대흥사 불국사 동학사 선운사 신흥사 － ● △ ▼ ★ ☆	① 맞음	② 틀림
68	조계사 미황사 마곡사 해인사 수덕사 － ■ ▼ □ ○ ▲	① 맞음	② 틀림
69	선운사 조계사 불국사 동학사 신흥사 － ☆ ■ ● ▼ ★	① 맞음	② 틀림
70	조계사 동학사 미황사 수덕사 마곡사 － ■ ▼ ▽ ▲ □	① 맞음	② 틀림

● 보 기 ●

커피 = you	녹차 = year	홍차 = young	코코아 = yes	주스 = yard
스무디 = yawn	칵테일 = yell	파르페 = yours	밀크티 = yet	모카 = yellow

71	파르페 커피 홍차 밀크티 주스	yours yet young yell yard	① 맞음 ② 틀림
72	녹차 코코아 모카 커피 주스	year yes yellow you yard	① 맞음 ② 틀림
73	밀크티 칵테일 녹차 주스 홍차	yet yes you yard young	① 맞음 ② 틀림
74	홍차 스무디 파르페 커피 녹차	young yawn yours you year	① 맞음 ② 틀림
75	주스 모카 녹차 스무디 밀크티	yard yellow year yawn yet	① 맞음 ② 틀림

● 보 기 ●

수달 = 253	불곰 = 377	늑대 = 839	사자 = 784	하마 = 384
퓨마 = 871	표범 = 207	여우 = 914	염소 = 785	사슴 = 157

76	사슴 사자 여우 하마 염소	871 784 914 384 785	① 맞음 ② 틀림
77	하마 사자 늑대 염소 불곰	384 784 839 785 377	① 맞음 ② 틀림
78	늑대 수달 불곰 사자 염소	839 253 377 785 784	① 맞음 ② 틀림
79	퓨마 불곰 사슴 수달 사자	871 377 157 253 784	① 맞음 ② 틀림
80	수달 표범 늑대 사슴 퓨마	253 207 839 157 871	① 맞음 ② 틀림

<table>
<tr><td colspan="2">● 보 기 ●</td></tr>
</table>

캐나다 = 장갑	스위스 = 군모	러시아 = 어깨	필리핀 = 헬멧	모로코 = 발열
스페인 = 세제	브라질 = 전자	덴마크 = 혹한	핀란드 = 상처	그리스 = 보호

81	그리스 브라질 스위스 필리핀 스페인	–	보호 전자 상처 헬멧 세제	① 맞음 ② 틀림
82	스위스 캐나다 스페인 핀란드 러시아	–	군모 장갑 세제 상처 어깨	① 맞음 ② 틀림
83	스페인 러시아 필리핀 캐나다 핀란드	–	세제 어깨 헬멧 장갑 상처	① 맞음 ② 틀림
84	브라질 러시아 스위스 그리스 스페인	–	전자 세제 군모 보호 세제	① 맞음 ② 틀림
85	모로코 그리스 덴마크 핀란드 캐나다	–	발열 보호 혹한 상처 장갑	① 맞음 ② 틀림

● 보 기 ●

goods = 마포	govern = 강남	grain = 은평	grass = 금천	gray = 강서
great = 용산	green = 서초	grind = 종로	group = 구로	grow = 관악

86	grind grass govern great green	–	종로 금천 강남 용산 서초	① 맞음 ② 틀림
87	gray goods group grain grow	–	강서 마포 구로 은평 관악	① 맞음 ② 틀림
88	govern great grind group grass	–	강남 강서 관악 구로 금천	① 맞음 ② 틀림
89	great grain grass goods group	–	용산 은평 금천 마포 구로	① 맞음 ② 틀림
90	grow gray great green govern	–	마포 강서 종로 서초 강남	① 맞음 ② 틀림

| xkdk = ▣ | ehseh = ◈ | poda = ◉ | gkql = □ | cko = ◇ |
| wleh = ◐ | row = ◑ | rnr = ◎ | drh = ■ | kkl = ○ |

91	xkdk rnr gkql ehseh row	–	▣ ◎ □ ◈ ◐	① 맞음 ② 틀림
92	wleh ehseh poda gkql drh	–	◐ ◈ ◉ □ ◇	① 맞음 ② 틀림
93	drh cko kkl xkdk poda	–	■ ◇ ○ ▣ ◎	① 맞음 ② 틀림
94	kkl row wleh drh rnr	–	○ ◑ ◐ ■ ◎	① 맞음 ② 틀림
95	xkdk drh poda gkql wleh	–	▣ ■ ◉ □ ◐	① 맞음 ② 틀림

| 풍뎅이 = ☀ | 대벌레 = ♰ | 베짱이 = ♡ | 사슴벌레 = ♨ | 풀무치 = ♥ |
| 개미 = ⛫ | 매미 = ⚓ | 물방개 = ∝ | 귀뚜라미 = ☆ | 여치 = ☎ |

96	풍뎅이 개미 여치 사슴벌레 물방개	–	☀ ⛫ ♥ ♨ ∝	① 맞음 ② 틀림
97	베짱이 여치 귀뚜라미 매미 풀무치	–	♡ ☎ ☆ ⚓ ♥	① 맞음 ② 틀림
98	귀뚜라미 개미 매미 여치 물방개	–	☆ ⛫ ⚓ ☎ ∝	① 맞음 ② 틀림
99	여치 개미 풍뎅이 물방개 풀무치	–	☎ ⛫ ☀ ∝ ♥	① 맞음 ② 틀림
100	사슴벌레 매미 개미 여치 물방개	–	☀ ⚓ ⛫ ♡ ∝	① 맞음 ② 틀림

[101~120] 다음의 〈보기〉에서 각 문제의 왼쪽에 표시된 굵은 글씨체의 기호, 문자, 숫자의 개수를 모두 세어 오른쪽에서 찾으시오(단, 대/소문자 구분은 없음).

		〈보기〉	〈개수〉
101	잉	양융양잉잉양잉잉영융양융양영융영양융융양양양용 영영영잉잉영영융융잉융융융융융융융	① 7개 ② 8개 ③ 9개 ④ 10개
102	ㄱ	서양의 이상향은 천국이며 천국은 우리가 죽어야만 갈 수 있는 곳이다.	① 5개 ② 6개 ③ 7개 ④ 8개
103	h	The private equity, bankruptcy, and steel magnate quickly named trade policy with China as one of the areas he'd seek to change.	① 5개 ② 6개 ③ 7개 ④ 8개
104	ㅇ	다른 점이라면 7층이라는 점과 거기엔 너와 같은 사람이 없다는 점이지.	① 6개 ② 7개 ③ 8개 ④ 9개
105	i	In answer after answer, Obama expressed his confidence in the next cohort of Americans, from their resilience to their tolerance.	① 8개 ② 9개 ③ 10개 ④ 11개
106	▶	▶▲▲▲▶◆▶■▼▼▲▶▲▶◆▼◆■▲▲■■▼◆ ▲▼▼▼▶▶◆■■▼▼■◆◆■◆■▶◆▶▶	① 8개 ② 9개 ③ 10개 ④ 11개
107	9	87824118355144797875452939119121493022555024 68590663326	① 5개 ② 6개 ③ 7개 ④ 8개
108	₩	£¢₩$¢¥₩$¢£¢₩¢₩$¥¢£¢₩$¢£¢¥₩¢$¢£¢₩$¥¥¢$₩£	① 7개 ② 8개 ③ 9개 ④ 10개
109	ⓐ	△△Å Å Å△ⓐⓐA⒜AAⓐ⒜△Å ÅA⒜⒜AAⓐ△AAⓐ△△Å Å△ⓐ△Å⒜ⓐ△⒜ⓐⓐ⒜	① 6개 ② 7개 ③ 8개 ④ 9개
110	o	While automation has struck some fear in the hearts of average workers, most employers expect it to actually create jobs.	① 8개 ② 9개 ③ 10개 ④ 11개

〈보기〉	〈개수〉
111 ⇨ ⇦⇦⇨⇦⇨⇧⇨⇦⇩⇨⇨⇦⇨⇦⇧⇧⇨⇦⇨⇨⇨⇦⇨⇩⇨⇦⇨⇦⇧⇧ ⇨⇦⇨⇦⇨⇩⇧⇧⇨⇨⇨⇦⇦⇨	① 12개 ② 13개 ③ 14개 ④ 15개
112 ㄹ 사람은 혼자 있을 때 보다 다른 사람과 있을 때 30배 더 웃는다.	① 2개 ② 3개 ③ 4개 ④ 5개
113 2 41198680589352857846754942936249357202697615393111212	① 7개 ② 8개 ③ 9개 ④ 10개
114 ㅣ 우리나라는 노인 현상을 가정 테두리 안에서 해결하려는 전통이 남아있다.	① 4개 ② 5개 ③ 6개 ④ 7개
115 o I have more confidence on racial issues in the next generation than I do in our generation or the previous generation.	① 9개 ② 10개 ③ 11개 ④ 12개
116 텃 텃텆텃텃텇텃텅텃텄텃텃텃텇텃텃텇텃텃텃텇텄텃텇텃텇텃텃텇텃 텃텄텃텄텃텇텃텃텃텃텃텃텃텄텄텄텄텃텇텃	① 7개 ② 8개 ③ 9개 ④ 10개
117 ▥ (패턴 기호 나열)	① 12개 ② 13개 ③ 14개 ④ 15개
118 e Healthy democracies thrive on transparency and leadership that is sensitive to the needs of its citizens.	① 11개 ② 12개 ③ 13개 ④ 14개
119 봉 봉 ㅎㅎ ㅂㅅㅈ ㅎㅎ 뾩 ㅇㅇㅂㅅㅈ ㅇㅇㅎㅎㅂㅅㅈ 봉ㅇㅇ 봉뿅 봉 ㅇㅇㅂㅅㅈ 봉ㅎ 봉 ㅇㅇ ㅎㅎ ㅂㅅㅈ ㅎㅎ 뾩 봉 ㅎㅎ ㅇㅇ ㅎㅎ 뿅 봉 ㅇㅇ 봉 ㅇㅇㅇㅇ 봉봉	① 6개 ② 7개 ③ 8개 ④ 9개
120 s Ross did add, however, that "simultaneity" is another factor that's sorely missing in US trade agreements.	① 7개 ② 8개 ③ 9개 ④ 10개

03

언어논리

| 01 | 어휘

- 한자성어와 속담, 관용어의 의미를 묻는 문제가 주로 출제된다.
- 암기가 필요한 부분이므로 평소 단어의 의미를 찾아보는 습관을 들여야 한다.

대표유형

다음 밑줄 친 부분과 가장 관계가 깊은 한자성어는?

> 옛날 혼인식 때 신랑이 들어서면 재(간혹 볶은 콩)를 뿌린 풍습이 있었다. 깨끗하게 차려 입고 대례석에 들어서는 신랑에게 어찌하여 재나 볶은 콩을 뿌린 것일까? <u>좋은 일에는 나쁜 일이 끼어들기 쉽다.</u> 기쁜 일, 웃는 일, 바쁜 일 중에는 사람들의 마음이 들뜨게 되어 흉마귀(凶魔鬼)가 좀처럼 발각되지 아니한다. 그렇다고 내버려 두어서는 안 될 일이 아닌가? 그 예방으로써 재와 콩을 뿌린 것이다. 이들은 불맛을 보았다는 점에서 공통성이 있는 것이다.

① 설상가상(雪上加霜)　　　　　　② 연목구어(緣木求魚)
③ 호사다마(好事多魔)　　　　　　④ 새옹지마(塞翁之馬)
⑤ 금상첨화(錦上添花)

정답분석

③ 밑줄 친 내용의 의미를 가진 한자성어는 '좋은 일에는 흔히 탈이 끼어들기 쉬움'의 뜻을 가진 호사다마(好事多魔)이다.

오답분석

① 설상가상(雪上加霜) : 눈 위에 서리가 덮인다는 뜻으로, 난처한 일이나 불행한 일이 잇따라 일어남
② 연목구어(緣木求魚) : 나무에 올라가서 물고기를 구한다는 뜻으로, 도저히 불가능한 일을 굳이 하려람
④ 새옹지마(塞翁之馬) : 인생의 길흉화복은 변화가 많아서 예측하기가 어렵다는 말
⑤ 금상첨화(錦上添花) : 비단 위에 꽃을 더한다는 뜻으로, 좋은 일 위에 또 좋은 일이 더하여 짐

정답 ③

| 02 | 어법

- 띄어쓰기와 한글 맞춤법과 관련하여 묻는 문제가 주로 출제된다.
- 「한글 맞춤법」을 익혀 두는 것이 도움이 된다. 「한글 맞춤법」은 국립국어원 홈페이지를 통해 전문을 확인할 수 있다.

대표유형

다음 문장 중 고칠 부분이 없는 문장은?

① 단편 소설은 길이가 짧은 대신, 장편 소설이 제공할 수 없는 강한 인상이다.
② 모든 청소년은 자연을 사랑하고 그 속에서 심신을 수련해야 한다.
③ 신문은 우리 주변의 모든 일이 기사 대상이다.
④ 거칠은 솜씨로 정교한 작품을 만들기는 어렵다.
⑤ 이번에 아주 비싼 대가를 치루었다.

정답분석
② 문장 성분 간 호응이 어색하지 않고 맞춤법도 틀린 부분이 없다.

오답분석
① 인상이다(×) → 인상을 준다(○)
③ 일이(×) → 일을, 대상이다 → 대상으로 한다(○)
④ 거칠은(×) → 거친(○)
⑤ 치루었다(×) → 치르었다, 치렀다(○)

정답 ②

| 03 | 독해

- 최근 KIDA 언어논리의 독해유형 출제 비중이 크게 늘고 있다.
- 지문의 길이가 길어지는 추세이므로 철저한 시간관리가 필요하다.
- 독해유형은 사실상 지문을 통해 독해력뿐만 아니라 어휘와 어법 유형을 함께 묻는 복합유형이므로 가장 고난도의 언어능력을 요구한다.

대표유형

다음 글의 제목으로 가장 적절한 것은?

> 만공탑에서 다시 돌계단을 오르면 정혜사 능인선원이 나온다. 정혜사 앞뜰에 서서 담장을 앞에 하고 올라온 길을 내려다보면 홍성 일대의 평원이 일망무제로 펼쳐진다. 산마루와 가까워 바람이 항시 세차게 불어오는데, 살면서 쌓인 피곤과 근심이 모두 씻겨지는 후련한 기분을 느낄 수 있을 것이다. 자신도 모르게 물 한 모금을 마시며 이 호탕하고 맑은 기분을 오래 간직하고 싶어질 것이다. 정혜사 약수는 바위틈에서 비집고 올라오는 샘물이 공을 반으로 자른 모양의 석조에 넘쳐흐르는데 이 약수를 덮고 있는 보호각에는 '불유각(佛乳閣)'이라는 현판이 걸려 있다. '부처님의 젖'이라! 글씨는 분명 스님의 솜씨다. 말을 만들어낸 솜씨도 예사롭지 않다. 누가 저런 멋을 가졌던가. 누구에게 묻지 않아도 알 것 같았고 설혹 틀린다 해도 상관할 것이 아니었다(훗날 다시 가서 확인해보았더니 예상대로 만공의 글씨였다). 나는 그것을 사진으로 찍어 그만한 크기로 인화해서 보며 즐겼다. 그런데 우리 집엔 그것을 걸 자리가 마땅치 않았다. 임시방편이지만 나는 목욕탕 문 쪽에 압정으로 눌러 놓았다.
>
> – 유홍준, 『나의 문화유산답사기 1』

① 돌계단을 오르면서   ② 정혜사 능인선원

③ 정혜사의 불유각   ④ 약수 보호각

⑤ 일망무제의 평원

정답분석

제시된 글은 '정혜사 능인선원'에서 본 경치(일망무제의 평원)와 약수에 대해 간략하게 기술하다가, 핵심 제재인 '불유각'이라는 현판이 지닌 멋에 대해 집중적으로 서술하고 있다. 따라서 제목으로 ③이 가장 적절하다.

정답 ③

어휘 난이도 상 중 **하**

121 다음 밑줄 친 단어와 가장 가까운 의미로 사용된 것은?

> 금메달을 딴 그는 기쁨에 <u>찬</u> 얼굴로 눈물을 흘렸다.

① 그의 연설 내용은 신념과 확신에 <u>차</u> 있었다.
② 팔목에 수갑을 <u>찬</u> 죄인이 구치소로 이송되었다.
③ 출발 신호와 함께 선수들은 출발선을 <u>차며</u> 힘차게 내달렸다.
④ 기자 회견장은 취재 기자들로 가득 <u>차서</u> 들어갈 틈이 없었다.
⑤ 오늘 갑자기 날씨가 매우 <u>차다</u>.

어휘 난이도 상 **중** 하

122 다음 밑줄 친 부분과 같은 의미로 쓰인 것은?

> <u>노는</u> 시간에 게임 좀 그만 하고 와서 마늘 좀 까라.

① 앞니가 흔들흔들 <u>논다</u>.
② 여기 수영장은 매주 금요일에 <u>논다</u>.
③ 뱃속에서 아기가 <u>논다</u>.
④ 형이 축구를 하며 <u>논다</u>.
⑤ 부자들은 자기들끼리 <u>노는</u> 법이다.

123 다음 〈보기〉의 밑줄 친 단어와 같은 뜻으로 쓰인 것은?

---• 보 기 •---

논개는 길게 한숨을 뽑은 뒤에 망국의 한을 바람에 <u>부쳤다</u>.

① 접수된 원고를 편집하여 인쇄에 <u>부쳤다</u>.
② 정부는 중요 정책을 국민 투표에 <u>부쳤다</u>.
③ 시인은 외로움을 기러기에 <u>부쳐</u> 노래했다.
④ 우리들은 그 일을 불문(不問)에 <u>부치기로</u> 했다.
⑤ 당분간 밥은 주인집에다 <u>부쳐</u> 먹기로 했다.

124 다음 글의 빈칸에 알맞은 접속어는?

문학이 보여주는 세상은 실제 세상 그 자체가 아니며, 실제 세상을 잘 반영하여 작품으로 들여 놓은 것이다. (   ) 문학 작품 안에 있는 세상이나 실제로 존재하는 세상이나 그 본질은 다를 바가 없다.

① 그러나   ② 그렇기 때문에
③ 그래서   ④ 그러므로
⑤ 요컨대

125 다음 밑줄 친 단어와 의미가 유사한 것은?

흑사병은 페스트균에 의해 발생하는 급성 열성 감염병으로, 쥐에 기생하는 벼룩에 의해 사람에게 전파된다. 국가위생건강위원회의 자료에 따르면 중국에서는 최근에도 <u>간헐적</u>으로 흑사병 확진 판정이 나온 바 있다. 지난 2014년에는 중국 북서부에서 38세 남성이 흑사병으로 목숨을 잃었으며, 2016년과 2017년에도 각각 1건씩 발병 사례가 확인됐다.

① 근근이   ② 자못
③ 빈번히   ④ 이따금
⑤ 흔히

126 다음의 빈칸에 들어갈 적절한 어휘는?

> A의원은 위와 같은 법안 발의에 앞서 "정규직 근로자에 대해서는 고용안정을 보장하도록 하는 한편 비정규직 근로자에 대해서는 고용 불안정에 (   )하는 임금의 보전 등 대책이 마련되도록 법제화가 필요하며 관련 입법을 준비하고 있다."고 밝혔다.

① 호응(呼應)   ② 부응(副應)

③ 상응(相應)   ④ 대응(對應)

⑤ 상통(相通)

127 다음 중 단어의 의미 풀이가 적절하지 않은 것은?

① 매진(邁進) : 씩씩하게 나아감

② 묵과(黙過) : 말없이 지나쳐 버림

③ 모호(模糊) : 흐리어 분명하지 못함

④ 문외한(門外漢) : 어리석고 어두움

⑤ 미문(未聞) : 아직 듣지 못함

128 다음 밑줄 친 단어의 표기가 올바른 것은?

① <u>신년도</u>에는 보다 알찬 계획을 수립해야겠다.

② 과거 조선시대의 <u>남존녀비</u> 사상의 시작은 유교의 제사의식이라고 할 수 있다.

③ 부정했던 그 관리가 <u>은익한</u> 재산이 드러나기 시작했다.

④ 허 생원은 자신을 위해서는 엽전 한 <u>잎</u> 쓰지 않았다.

⑤ 그 후부터는 <u>년도</u> 표기를 생략했기 때문에 문서를 정리하기 힘들었다.

129 밑줄 친 부분이 맞춤법에 어긋나는 것은?

① 그는 눈을 <u>지그시</u> 감았다.
② 여자는 화장을 하지 않아 모자를 <u>깊숙이</u> 내려 썼다.
③ 남자는 일이 마무리되는 대로 <u>속히</u> 돌아가겠다고 약속했다.
④ 철원 평야에 <u>나지막히</u> 들어선 야산에서 서바이벌 게임을 즐겼다.
⑤ 밤새 비가 왔는지 땅이 <u>촉촉이</u> 젖어 있었다.

130 다음 문장의 문맥상 괄호 안에 들어갈 단어로 가장 적절한 것은?

> 나는 동생이 (   ) 써놓은 편지를 보고 웃음이 절로 났다.

① 괴발개발   ② 언구럭
③ 티석티석   ④ 곰비임비
⑤ 훨찐

131 밑줄 친 부분이 바르게 쓰이지 않은 것은?

① 바쁘다더니 여긴 <u>웬일</u>이야?
② 제사가 음력 몇 월 <u>며칠</u>이야?
③ 아침에 그릇을 깨트렸더니 <u>왠지</u> 기분이 좋지 않다.
④ 그는 선생님께서 <u>으레</u> 기혼자려니 하고 생각하였다.
⑤ 식사를 하고 나서 커피를 마시는 버릇이 <u>박혀</u> 버렸다.

132 다음 관용 표현의 뜻을 잘못 풀이한 것은?

① 입을 맞추다 – 서로 의견이 동일하도록 조정한다.

② 입을 모으다 – 여러 사람이 같은 의견을 말한다.

③ 손을 끊다 – 교제나 거래 따위를 중단하다.

④ 얼굴을 깎다 – 자기 잘못을 모르고 뻔뻔하게 군다.

⑤ 초로와 같다 – 인생 따위가 덧없다.

133 다음 중 관용어의 의미를 잘못 해석한 것은?

① 손이 뜨다 – 일하는 행동이 매우 느리다.

② 손이 거칠다 – 도둑질 같은 나쁜 손버릇이 있다.

③ 손이 맞다 – 함께 일할 때 생각이나 방법이 서로 잘 맞다.

④ 손을 끊다 – 하던 일을 그만두거나 잠시 멈추다.

⑤ 손에 붙다 – 능숙해져서 의욕이 오르다.

134 다음의 내용과 연관이 없는 속담은?

> 평생 시계만을 만들며 살아온 남자가 자기 아들에게 시계를 만들어 주었습니다. 그는 이 시계의 초침을 황금으로, 분침은 은으로, 시침은 동으로 만들어서 아들에게 주었습니다. 아들은 "아버지, 시침을 황금으로 만들고, 분침은 은으로 만들고, 초침은 동으로 만들어야 하지 않을까요?" 하고 물었습니다. 그러자 아버지는 "순간순간을 소중히 여기는 것은 황금을 모으는 것과 같단다. 비록 짧은 시간이라도 허비하는 것은 황금을 잃는 것과 마찬가지지. 이것을 잊지 말았으면 좋겠구나." 하고 말하였습니다.

① 티끌 모아 태산

② 천 리 길도 한 걸음부터

③ 처마 끝 물방울이 주춧돌 뚫는다

④ 미꾸라지 구멍에 보 무너진다

⑤ 새 발의 피

135 '낫 놓고 기역 자도 모른다'는 속담과 의미가 같은 한자성어는?

① 구밀복검(口蜜腹劍)　　　　　　② 누란지세(累卵之勢)

③ 사면초가(四面楚歌)　　　　　　④ 목불식정(目不識丁)

⑤ 소탐대실(小貪大失)

136 밑줄 친 부분과 바꿔 쓸 수 있는 관용 표현으로 적절하지 않은 것은?

① 동생은 자기 수준 이상의 좋은 것만 찾곤 한다. – 코가 높다

② 상사는 인맥이 넓어서 거래를 잘 성사시키곤 했다. – 발이 넓다

③ 선배는 씀씀이가 후해서 후배들을 잘 챙기곤 했다. – 손이 크다

④ 그는 아버지의 귀가를 몹시 애타게 기다리고 있다. – 목이 빠지게 기다리다

⑤ 후배는 여러 해 동안 중국에서 살았지만 중국어를 알아듣지 못한다. – 귀가 뚫리다

137 다음 문장 중 고칠 부분이 있는 문장은?

① 불조심하는 것은 강조할 만하다.

② 우리는 매주 토요일마다 독서 모임을 가졌다.

③ 그 소식을 동생에게서 들었다.

④ 이것은 환경의 변화로 보인다.

⑤ 그 부부는 슬하에 딸 둘을 두었다.

138 다음 중 맞춤법이 올바른 것은?

① 너 그러면 안 되.

② 며칠째 날이 안 좋다.

③ 지평선 넘어로 해가 진다.

④ 단언컨데 그는 성공할 것이다.

⑤ 민정아! 여기 테이프 좀 부치자.

139 다음 중 적절하게 쓰인 예시가 아닌 것은?

① 국립공원 근처가 주요 <u>개발</u> 대상지로 선정되어서 많은 잡음이 있을 것이다.

② 군대에서 자기 <u>계발</u>을 열심히 한 사람은 전역 후 취업에 성공할 확률이 높다.

③ 15년간의 연구 끝에 신약 <u>개발</u>에 성공했다.

④ 미래의 후손들을 위해서 화석 연료 대체 에너지 <u>계발</u>에 힘써야 한다.

⑤ 이 정부가 가장 중점을 두고 있는 부분이 경제 <u>개발</u>이라는 것은 정책을 보면 알 수 있다.

140 다음 중 오류의 종류가 다른 하나는?

① 귀신이 없다고 증명할 수 없으니 귀신은 존재하는 거야.

② 현희는 밥을 싫어한다고 했으니까 빵을 좋아할 거야.

③ 야구장에 안 간다고? 그럼 축구장에 가는구나.

④ 나는 너를 좋아하지 않으니까 싫어하는 거야.

⑤ 강의실 내부가 춥지 않다고? 그럼 덥니?

141 다음 중 복수 표준어가 아닌 것은?

① 만날 – 맨날

② 무 – 무우

③ 옥수수 – 강냉이

④ 간질이다 – 간지럽히다

⑤ 쌉싸래하다 – 쌉싸름하다

142 낱말 간의 관계가 나머지와 다른 것은?

① 피아노 – 악기   ② 사이다 – 음료수

③ 사과 – 과일   ④ 개나리 – 봄

⑤ 한국어 – 언어

143 다음 단어의 의미 관계가 다른 것은?

① 연필 – 문구   ② 의자 – 가구

③ 경사 – 비탈   ④ 고양이 – 동물

⑤ 북풍 – 바람

144 다음 중 반의 관계의 종류가 다른 것은?

① 살다 – 죽다   ② 크다 – 작다

③ 길다 – 짧다   ④ 쉽다 – 어렵다

⑤ 높다 – 낮다

145 다음 내용을 가장 잘 요약한 한자성어는?

> 현행 농어업 재해 대책은 한해 농사를 망쳐도 보상을 받을 길이 극히 제한돼 있다. 정부는 대규모 피해가 발생한 지역을 특별재난구역으로 선포하고 복구액의 최대 70%까지를 국비로 지원한다. 하지만 재난구역에 대한 지원은 대부분 시설 복구에 국한되고 농작물 피해는 제외되어 있다. 벼가 쭉정이만 남는 큰 피해를 입어도 시설 피해가 적다는 이유로 재난구역에 포함되지 못하는 실정이다.

① 유명무실(有名無實)   ② 각주구검(刻舟求劍)

③ 연목구어(緣木求魚)   ④ 자업자득(自業自得)

⑤ 사후약방문(死後藥方文)

146 다음 글의 밑줄 친 부분에 적절한 한자성어는?

> 노작(勞作)의 결정체인 서적을 읽으면, 저자의 장구한 기간의 체험이나 연구를 독자는 극히 짧은 시일에 자기 것으로 만들 수 있게 된다. 그뿐만 아니라, 서적에서 얻은 지식이나 암시에 의하여 그 저자보다 한 걸음 더 나아가는 새로운 지식을 터득하게 되는 일이 많다. 그렇기 때문에 서적은 어두운 거리에 등불이 되는 것이며 험한 나루에 훌륭한 배가 된다.

① 甲男乙女(갑남을녀) 　② 靑出於藍(청출어람)
③ 溫故知新(온고지신) 　④ 他山之石(타산지석)
⑤ 惡傍逢雷(악방봉뢰)

147 다음 중 (가)에 들어갈 한자성어로 가장 적절한 것은?

> 　(가)　(이)란 저녁에는 부모님의 잠자리를 봐 드리고 아침에는 문안을 드린다는 뜻으로 자식이 아침저녁으로 부모의 안부를 물어 살핌을 뜻하는 말로 '예기(禮記)'의 '곡례편(曲禮篇)'에 나오는 말이다. 아랫목 요에 손을 넣어 방 안 온도를 살피면서 부모님께 문안을 드리던 우리의 옛 전통이 떠오르는 한자성어이다.

① 혼정신성(昏定晨省) 　② 맥수지탄(麥秀之嘆)
③ 백아절현(伯牙絕絃) 　④ 망운지정(望雲之情)
⑤ 온고지신(溫故知新)

148 〈보기〉의 명제가 모두 참일 때, 마지막에 들어갈 명제로 가장 적절한 것은?

> ● 보 기 ●
>
> • 인생은 예술보다 짧다.
> • 하루살이는 인생보다 짧다.
> • 그러므로 _____

① 인생이 가장 짧다

② 하루살이는 예술보다 짧다.

③ 어떤 예술은 인생보다 짧다.

④ 예술은 인생보다 길지 않다.

⑤ 하루살이가 가장 길다.

149 다음 내용의 흐름에 따라 ㉠, ㉡에 들어갈 접속어를 바르게 짝지어 놓은 것은?

> 사람은 혼자 있을 때보다 다른 사람들과 함께 있을 때 30배쯤 더 웃는다. 특히 웃음에는 강한 전염성이 있어서 남이 웃으면 따라 웃고 다른 사람의 웃음에 내 마음이 덩달아 즐거워진다. 이처럼 인간의 웃음은 사회적인 것이다.
>
> (㉠) 이 부분에서 인간의 웃음은 동물과는 큰 차이를 보인다. 과학자들의 연구에 따르면 침팬지나 쥐들도 웃는다. 쥐들은 간지럼과 같은 특수한 자극을 받을 때 웃음소리를 낸다. 과학자들은 특수 기계를 이용해 쥐들이 간지러울 때 내는 초음파 소리를 감지해 냈는데, 이 소리가 바로 쥐의 웃음소리이다.
>
> (㉡) 인간의 웃음은 뇌 활동에 의한 것이다. 뇌에 웃을 수 있는 회로가 갖춰져 있기 때문이다. 뇌는 우스운 소리만 들어도 웃을 준비를 한다고 한다. 웃음의 실행 단계는 뇌의 '웃음보'에서 맡고 있다. 1988년 3월 미국 캘리포니아 대학의 이차크 프리트 박사는 고단위 단백질과 도파민으로 형성된 $4cm^2$ 크기의 웃음보를 발견했다. 그 웃음보를 자극하자 우습지 않은 상황인데도 웃음을 터뜨렸다. 또 웃음보가 뺨의 근육을 움직이며 즐거운 생각을 촉발해 웃음 동기를 부여했다.

① 그러나 – 따라서

② 그리고 – 그러므로

③ 왜냐하면 – 그런데

④ 그런데 – 한편

⑤ 물론 – 왜냐하면

150 다음 글에서 〈보기〉가 들어가기에 가장 적절한 곳은?

──● 보 기 ●──

아침기도는 간략한 아침 뉴스로, 저녁기도는 저녁 종합 뉴스로 바뀌었다.

철학자 헤겔이 주장했듯이, 삶을 인도하는 원천이자 권위의 시금석으로서의 종교를 뉴스가 대체할 때 사회는 근대화된다. (㉠) 선진 경제에서 뉴스는 이제 최소한 예전에 신앙이 누리던 것과 동등한 권력의 지위를 차지한다. 뉴스 타전은 소름이 돋을 정도로 정확하게 교회의 시간 규범을 따른다. (㉡) 뉴스는 우리가 한때 신앙심을 품었을 때와 똑같은 공손한 마음을 간직하고 접근하기를 요구하기도 한다. (㉢) 우리 역시 뉴스에서 계시를 얻기 바란다. (㉣) 누가 착하고 누가 악한지 알기를 바라고, 고통을 헤아려 볼 수 있기를 바라며, 존재의 이치가 펼쳐지는 광경을 이해하길 희망한다. (㉤) 그리고 이 의식에 참여하길 거부하는 경우 이단이라는 비난을 받기도 한다.

① ㉠

② ㉡

③ ㉢

④ ㉣

⑤ ㉤

151 다음 개요의 흐름을 고려할 때, ㉠에 들어갈 내용으로 가장 적절한 것은?

서론 : 재활용이 어려운 포장재 쓰레기가 늘고 있다.
본론 : 1. 포장재 쓰레기가 늘고 있는 원인
　　　　(1) 기업들이 과도한 포장 경쟁을 벌이고 있다.
　　　　(2) 소비자들이 호화로운 포장을 선호하는 경향이 있다.
　　　2. 포장재 쓰레기의 양을 줄이기 위한 방안
　　　　(1) 기업은 과도한 포장 경쟁을 자제해야 한다.
　　　　(2) ┃　　　　　　　　　㉠　　　　　　　　　┃
결론 : 상품의 생산과 소비 과정에서 환경을 먼저 생각하는 자세를 지녀야 한다.

① 정부의 지속적인 감시와 계몽 활동이 필요하다.

② 실속을 중시하는 합리적인 소비 생활을 해야 한다.

③ 상품 판매를 위한 지나친 경쟁은 자제되어야 한다.

④ 재정 상태를 고려하여 분수에 맞는 소비를 해야 한다.

⑤ 환경 친화적인 상품 개발을 위한 투자가 있어야 한다.

152 다음 글의 제목으로 가장 적절한 것은?

반대는 필수불가결한 것이다. 지각 있는 대부분의 사람이 그러하듯 훌륭한 정치가는 항상 열렬한 지지자보다는 반대자로부터 더 많은 것을 배운다. 만약 반대자들이 위험이 있는 곳을 지적해 주지 않는다면, 그는 지지자들에 떠밀려 파멸의 길을 걷게 될 수 있기 때문이다. 따라서 현명한 정치가라 면 그는 종종 친구들에게 벗어나기를 기도할 것이다. 친구들이 자신을 파멸시킬 수도 있다는 것을 알기 때문이다. 그리고 비록 고통스럽다 할지라도 반대자 없이 홀로 남겨지는 일이 일어나지 않기를 기도할 것이다. 반대자들이 자신을 이성과 양식의 길에서 멀리 벗어나지 않도록 해준다는 사실을 알기 때문이다. 자유의지를 가진 국민의 범국가적 화합은 정부의 독단과 반대당의 혁명적 비타협성 을 무력화시키는 정치 권력의 충분한 균형에 의존하고 있다. 그 균형이 어떤 상황 때문에 강제로 타협하게 되지 않는 한, 모든 시민이 어떤 정책에 영향을 미칠 수는 있으나 누구도 혼자 정책을 지배할 수 없다는 것을 느끼게 되지 않는 한, 그리고 습관과 필요에 의해 서로 조금씩 양보하지 않는 한, 자유는 유지될 수 없기 때문이다.

① 민주주의와 사회주의
② 반대의 필요성과 민주주의
③ 민주주의와 일방적인 의사소통
④ 권력을 가진 자와 혁명을 꿈꾸는 집단
⑤ 혁명의 정의

153 다음 글이 어떤 과제물의 내용이라고 할 때, 주어진 과제의 제목으로 가장 적절한 것은?

> 우리가 일상생활, 특히 학문적 활동에서 추구하고 있는 진리란 어떤 것인가? 도대체 어떤 조건을 갖춘 지식을 진리라고 할 수 있을까? 여기에 대해서는 대응설, 정합설, 실용설의 세 가지 학설이 있다.
>
> '대응설'에서는 어떤 명제나 생각이 사실이나 대상에 들어맞을 때 그것을 진리라고 주장한다. 우리는 특별한 장애가 없는 한 대상을 있는 그대로 정확하게 파악한다고 믿는다. 가령 앞에 있는 책상이 모나고 노란 색깔이라고 할 때 우리의 시각으로 파악된 관념은 앞에 있는 대상이 지니고 있는 성질을 있는 그대로 반영한 것이라고 생각한다.
>
> '정합설'은 관념과 대상의 일치가 불가능하다는 반성에서 출발한다. 새로운 경험이나 지식이 옳은지 그른지 실재에 비추어 보아서는 확인할 수 없으므로, 이미 가지고 있는 지식의 체계 중 옳다고 판별된 체계에 비추어 볼 수밖에 없다는 것이다. 즉, 새로운 지식이 기존의 지식 체계에 모순됨이 없이 들어맞는지 여부에 의해 지식의 옳고 그름을 가릴 수밖에 없다는 주장이 바로 정합설이다.
>
> 실용주의자들은 대응설이나 정합설과는 아주 다른 관점에서 진리를 고찰한다. 그들은 지식을 그 자체로 다루지 않고 생활상의 수단으로 본다. 그래서 지식이 실생활에 있어서 만족스러운 결과를 낳거나 실제로 유용할 때 '참'이라고 한다. 관념과 생각 그 자체는 참도 아니고 거짓도 아니며, 행동을 통해 생활에 적용되어 유용하면 비로소 진리가 되고 유용하지 못하면 거짓이 되는 것이다.

① 진리 추구의 목적을 구체화하여 설명하라.

② 학문의 성립과 진리 사이의 관계를 밝혀라.

③ 진리 여부의 판정이 필요한 이유들을 설명하라.

④ 학문의 발전 과정을 역사적 관점에서 정리하라.

⑤ 진리 여부를 판단하는 학설에 대하여 정리하라.

154 〈보기〉의 명제가 모두 참일 때, 항상 옳은 것은?

> ● 보 기 ●
> • 속도에 관심이 없는 사람은 디자인에도 관심이 없다.
> • 연비를 중시하는 사람은 내구성도 따진다.
> • 내구성을 따지지 않는 사람은 속도에도 관심이 없다.

① 연비를 중시하지 않는 사람도 내구성은 따진다.
② 디자인에 관심 없는 사람도 내구성은 따진다.
③ 연비를 중시하는 사람은 디자인에는 관심이 없다.
④ 속도에 관심이 있는 사람은 연비를 중시하지 않는다.
⑤ 내구성을 따지지 않는 사람은 디자인에도 관심이 없다.

155 다음 글의 중심 내용으로 가장 적절한 것은?

> 영어에서 위기를 뜻하는 단어 'crisis'의 어원은 '분리하다'라는 뜻의 그리스어 '크리네인(Krinein)'이다. 크리네인은 본래 회복과 죽음의 분기점이 되는 병세의 변화를 가리키는 의학 용어로 사용되었는데, 서양인들은 위기에 어떻게 대응하느냐에 따라 결과가 달라진다고 보았다. 상황에 위축되지 않고 침착하게 위기의 원인을 분석하여 사리에 맞는 해결 방안을 찾을 수 있다면 긍정적 결과가 나올 수 있다는 것이다. 한편, 동양에서는 위기(危機)를 '위험(危險)'과 '기회(機會)'가 합쳐진 것으로 해석하여, 위기를 통해 새로운 기회를 모색하라고 한다. 동양인들 또한 상황을 바라보는 관점에 따라 위기가 기회로 변모될 수도 있다고 본 것이다.

① 위기가 아예 다가오지 못하게 미리 대처해야 한다.
② 위기 상황을 냉정하게 판단하고 긍정적으로 받아들인다.
③ 위기가 지나갔다고 해서 반드시 기회가 오는 것은 아니다.
④ 욕심에서 비롯된 위기를 통해 자신의 상황을 되돌아봐야 한다.
⑤ 서양인들과 동양인들의 위기 대응 방식은 다르다.

156 다음 추론들은 모두 오류를 포함하고 있다. 유사한 유형의 오류가 포함된 추론끼리 묶은 것은?

> ㉠ 저수지에서 떠온 물 한 컵을 실험해 보았는데, 그것은 마셔도 안전한 물로 판정되었다. 당국은 그 저수지의 물 모두를 마셔도 안전하다는 결론을 내렸다.
>
> ㉡ 나는 이전에 빨간 옷을 입고서 수학 시험을 보았는데 만점을 받았다. 나는 내일 수학 시험에서 만점을 받기 위하여 빨간 옷을 입을 것이다.
>
> ㉢ 철수는 우등상을 받았으므로 열심히 공부했음에 틀림없다. 따라서 영희에게 우등상을 주면 열심히 공부할 것이다.
>
> ㉣ 아기들이 홍역을 앓을 때마다 그들의 몸에 붉은 반점이 나타난다. 또한 아기들의 체온이 높이 올라간다. 고열 때문에 붉은 반점이 나타나는 것이 분명하다.
>
> ㉤ 부지런한 농부들은 모두 많은 소를 갖고 있다. 이제 이 마을의 게으른 농부들에게 소를 많이 주어 부지런한 농부가 되게 하자.

① ㉠, ㉣
② ㉡, ㉢
③ ㉡, ㉣
④ ㉠, ㉤
⑤ ㉢, ㉤

157 다음 빈칸에 들어갈 문장으로 가장 적절한 것은?

> 과거, 민화를 그린 사람들은 정식으로 화업을 전문으로 하는 사람이 아니었다. 대부분 타고난 그림 재주를 밑천으로 그림을 그려 가게에 팔거나 필요로 하는 사람에게 그려주고 그 대가로 생계를 유지했던 사람들이었다. 그들은 민중의 수요를 충족시키기 위해 정형화된 내용과 상투적 양식의 그림을 반복적으로 그렸다.
>
> 민화는 당초부터 세련된 예술미 창조를 목표로 하는 그림이 아니었다. 단지 이 세상을 살아가는 데 필요한 진경(珍景)의 염원과 장식 욕구 충족을 위한 그림이었다. 그래서 표현 기법이 비록 유치하고 상투적이라 해도 화가나 감상자(수요자) 모두에게 큰 문제가 되지 않았다. ⬚⬚⬚⬚⬚⬚⬚⬚⬚⬚⬚⬚⬚⬚ 다시 말해 민화는 필력보다 소재와 그것에 담긴 뜻이 더 중요한 그림이다. 문인 사대부들이 독점 향유해 온 소재까지도 서민들은 자기 방식으로 해석하고 번안하여 그 속에 현실적 욕망을 담아 생활 속에 향유했다. 민화에 담긴 주된 내용은 세상에 태어나 죽을 때까지 많은 자손을 거느리고 부귀를 누리면서 편히 오래 사는 것이었다.

① '어떤 기법을 쓰느냐.'에 따라 민화는 색채가 화려하거나 단조로울 수 있다.

② '어떤 기법을 쓰느냐.'보다 '무엇을 어떤 생각으로 그리느냐.'를 중시하는 것이 민화였다.

③ '어떤 기법을 쓰느냐.'보다 '감상자가 작품에 만족 하는지.'를 중시하는 것이 민화였다.

④ '어떤 기법을 쓰느냐.'에 따라 세련된 그림이 나올 수도 있고, 투박한 그림이 나올 수 있다.

⑤ '어떤 기법을 쓰느냐.'와 '무엇을 어떤 생각으로 그리느냐.'가 모두 중시하는 것이 민화다.

158 다음 글이 주장하고 있는 것은?

> 제아무리 대원군이 살아 돌아온다 하더라도 더 이상 타 문명의 유입을 막을 길은 없다. 어떤 문명들은 서로 만났을 때 충돌을 면치 못할 것이고, 어떤 것들은 비교적 평화롭게 공존하게 될 것이다. 결코 일반화할 수 있는 문제는 아니겠지만 스스로 아끼지 못한 문명은 외래 문명에 텃밭을 빼앗기고 말 것이라는 예측을 해도 큰 무리는 없을 듯싶다. 내가 당당해야 남을 수용할 수 있다.
>
> 영어만 잘하면 성공한다는 믿음에 온 나라가 야단법석이다. 배워서 나쁠 것 없고, 영어는 국제 경쟁력을 키우는 차원에서 반드시 배워야 한다. 하지만 영어보다 더 중요한 것은 우리의 말과 글이다. 한술 더 떠 영어를 공용어로 하자는 주장이 심심찮게 들리고 있다. 그러나 우리의 말과 글을 제대로 세우지 않고 영어를 들여오는 일은 우리 개구리들을 돌보지 않은 채 황소개구리를 들여온 우를 범하는 것과 같다. 영어를 자유롭게 구사하는 일은 새 시대를 살아가는 중요한 조건이다. 하지만 우리의 말과 글을 바로 세우는 일에도 소홀해서는 절대 안 된다. 황소개구리의 황소 울음 같은 소리에 익숙해져 청개구리의 소리를 잊어서는 안 되는 것처럼.

① 세계화를 위해서는 세계 여러 나라의 언어를 골고루 받아들여 균형 있게 발전시켜야 한다.
② 국제 경쟁력 강화를 위하여 영어 구사 능력도 필요하지만, 우리의 말과 글을 바로 세우는 일이 더 중요하다.
③ 우리 문화에 대한 자신감이 부족할 경우에는 타 문명의 유입을 최대한 막을 수 있도록 노력해야 한다.
④ 우리가 설령 언어를 잃게 되더라도 우리 고유의 문화는 잃지 않도록 최선을 다하는 것이 필요하다.
⑤ 국제 경쟁력을 위해서는 영어를 우리말과 비슷하게 교육해야만 새 시대를 살아갈 수 있다.

159 다음 글의 요지로 가장 알맞은 것은?

> 옛날에 어진 인재는 보잘 것 없는 집안에서 많이 나왔었다. 그때에도 지금 우리나라와 같은 법을 썼다면, 범중엄이 재상 때에 이룬 공업이 없었을 것이요, 진관과 반양귀는 곧은 신하라는 이름을 얻지 못하였을 것이며, 사마양저, 위청과 같은 장수와 왕부의 문장도 끝내 세상에서 쓰이지 못했을 것이다. 하늘이 냈는데도 사람이 버리는 것은 하늘을 거스르는 것이다. 하늘을 거스르고도 하늘에 나라를 길이 유지하게 해달라고 비는 것은 있을 수 없는 일이다.

① 인재는 많을수록 좋다.
② 인재는 하늘에서 내린다.
③ 인재를 차별 없이 등용해야 한다.
④ 인재를 적재적소에 배치해야 한다.
⑤ 인재 선발에 투자하여야 한다.

160 (가) ~ (라)를 논리적 순서로 배열할 때 가장 적절한 것은?

> '국어 순화'를 달리 이르는 말로 '우리말 다듬기'라는 말이 쓰이고 있다. '국어 순화'라는 말부터 순화해야 한다는 지적이 있었던 상황에서 '우리말 다듬기'라는 말은 그 의미를 쉽게 짐작할 수 있다. 이러한 점에서 '우리말 다듬기'는 국어 순화의 기본 정신에 걸맞은 말이라고 할 수 있다.
> (가) 우리말 다듬기는 국어 속에 있는 잡스러운 것을 없애고 순수성을 회복하는 것과 복잡한 것을 단순하게 하는 것이다.
> (나) 또한, 그것은 복잡한 것으로 알려진 어려운 말을 쉬운 말로 고치는 일도 포함한다.
> (다) 따라서 우리말 다듬기란 한마디로 고운 말, 바른 말, 쉬운 말을 가려 쓰는 것을 말한다.
> (라) 따라서 우리말 다듬기는 잡스러운 것으로 여겨지는 들어온 말 및 외국어를 고유어로 재정리하는 것과 비속한 말이나 틀린 말을 고운 말, 표준말로 바르게 하는 것을 의미한다.
> 즉, 우리말 다듬기는 '순우리말(토박이말)'이 아니거나 '쉬운 우리말'이 아닌 말을 순우리말이나 쉬운 우리말로 바꾸어 쓰는 '순우리말 쓰기'나 '쉬운 우리말 쓰기'를 아우르는 말이다. 그러나 우리말 다듬기의 범위를 넓게 잡으면 '바른 우리말 쓰기', '고운 우리말 쓰기'까지도 포함할 수 있다. '바른 우리말 쓰기'는 규범이나 어법에 맞지 않는 말이나 표현을 바르게 고치는 일을 가리키고, '고운 우리말 쓰기'는 비속한 말이나 표현을 우아하고 아름다운 말로 고치는 일을 가리킨다.

① (가) – (나) – (다) – (라)
② (가) – (다) – (라) – (나)
③ (가) – (라) – (나) – (다)
④ (가) – (라) – (다) – (나)
⑤ (가) – (다) – (나) – (라)

161 다음 글의 전개 순서로 가장 자연스러운 것은?

(가) 상품 생산자, 즉 판매자는 화폐를 얻기 위해 자신의 상품을 시장에 내놓는다. 하지만 생산자가 만들어 낸 상품이 시장에 들어서서 다른 상품이나 화폐와 관계를 맺게 되면, 이제 그 상품은 주인에게 복종하기를 멈추고 자립적인 삶을 살아가게 된다.

(나) 이처럼 상품이나 시장 법칙은 인간에 의해 산출된 것이지만, 이제 거꾸로 상품이나 시장 법칙이 인간을 지배하게 된다. 이때 인간 및 인간들 간의 관계가 소외되는 현상이 나타난다.

(다) 상품은 그것을 만들어 낸 생산자의 분신이지만, 시장 안에서는 상품이 곧 독자적인 인격체가 된다. 즉, 사람이 주체가 아니라 상품이 주체가 된다.

(라) 또한 사람들이 상품들을 생산하여 교환하는 과정에서 시장의 경제 법칙을 만들어 냈지만, 이제 거꾸로 상품들은 인간의 손을 떠나 시장 법칙에 따라 교환된다. 이런 시장 법칙의 지배 아래에서는 사람과 사람 간의 관계가 상품과 상품, 상품과 화폐 등 사물과 사물 간의 관계에 가려 보이지 않게 된다.

① (가) – (다) – (라) – (나) ② (가) – (다) – (나) – (라)
③ (다) – (라) – (가) – (나) ④ (다) – (라) – (나) – (가)
⑤ (다) – (가) – (나) – (라)

162 다음 문장을 알맞게 나열한 것은?

㉠ 사전에 아무런 정보도 없이 판매자의 일방적인 설명만 듣고 물건을 구입하면 후회할 수도 있다.

㉡ 따라서 소비를 하기 전에 많은 정보를 수집하여 구입하려는 재화로부터 예상되는 편익을 정확하게 조사하여야 한다.

㉢ 그러나 일상적으로 사용하는 일부 재화를 제외하고는, 그 재화를 사용해 보기 전까지 효용을 제대로 알 수 없다.

㉣ 예를 들면, 처음 가는 음식점에서 주문한 음식을 실제로 먹어 보기 전까지는 음식 맛이 어떤지 알 수 없다.

㉤ 우리가 어떤 재화를 구입하는 이유는 그 재화를 사용함으로써 효용을 얻기 위함이다.

① ㉤ – ㉢ – ㉣ – ㉡ – ㉠ ② ㉤ – ㉡ – ㉠ – ㉣ – ㉢
③ ㉠ – ㉡ – ㉣ – ㉢ – ㉤ ④ ㉠ – ㉤ – ㉡ – ㉢ – ㉣
⑤ ㉤ – ㉠ – ㉡ – ㉢ – ㉣

163 다음은 기행문의 일부이다. 이 글을 통해 알 수 없는 내용은?

> 인천국제공항 광장에 걸린, '한민족의 뿌리를 찾자! 대한 고등학교 연수단'이라고 쓴 현수막을 보자 내 가슴은 마구 뛰었다. 난생 처음 떠나는 해외여행, 8월 15일 오후 3시 15분 비행기에 오르는 나는 한여름의 무더위도 잊고 있었다. 비행기가 이륙하자, 거대한 공항 청사는 곧 성냥갑처럼 작아졌고, 푸른 바다와 들판은 빙빙 돌아가는 듯했다. 비행기에서 내려다본 구름은 정말 아름다웠다. 뭉게뭉게 떠다니는 하얀 구름 밭은 꼭 동화 속에서나 나옴직한 신비의 나라, 바로 그것이었다. '나는 지금 어디로 가고 있을까, 꿈속을 헤매는 영원한 방랑자가 된 걸까?'

① 여행의 동기와 목적
② 출발할 때의 감흥
③ 여행의 노정과 일정
④ 출발할 때의 날씨와 시간
⑤ 여행의 주체와 출발할 때의 장소

164 다음 ㉠ ~ ㉤ 중 글의 통일성을 해치는 문장은?

> ㉠ 요즘 청소년 세대와 기성세대 간에는 많은 갈등이 있다. ㉡ 게다가 사회의 급속한 변화에 따라 이 갈등의 골은 점점 깊어 가는 경향을 보인다. ㉢ 물론 이러한 갈등은 하루 이틀 사이의 일은 아니다. ㉣ 세대 간 갈등은 사회 내의 두 세대 간의 갈등으로 끝나는 문제가 아니다. ㉤ 우리 사회 전체의 단결력을 해쳐 사회 발전에 장애물로 작용할 우려까지 있는 심각한 문제인 것이다. 이러한 문제의식을 바탕으로, 이 글에서는 세대 갈등의 실상과 원인에 대한 분석을 통해 그 극복 방안을 모색해 보기로 한다.

① ㉠
② ㉡
③ ㉢
④ ㉣
⑤ ㉤

165 다음 글의 밑줄 친 부분이 지시하는 대상이 다른 것은?

> 수박을 먹는 기쁨은 우선 식칼을 들고 이 검푸른 ㉠<u>구형</u>의 과일을 두 쪽으로 가르는 데 있다. 잘 익은 수박은 터질 듯이 팽팽해서, 식칼을 반쯤만 밀어 넣어도 나머지는 저절로 열린다. 수박은 천지개벽하듯이 갈라진다. 수박이 두 쪽으로 벌어지는 순간, '앗!' 소리를 지를 여유도 없이 초록은 ㉡<u>빨강</u>으로 바뀐다. 한 번의 칼질로 이처럼 선명하게도 세계를 전환시키는 사물은 이 세상에 오직 수박뿐이다. ㉢<u>초록의 껍질 속에서</u>, ㉣<u>새까만 씨앗들이 별처럼 박힌 선홍색의 바다</u>가 펼쳐지고, 이 세상에 처음 퍼져나가는 비린 향기가 마루에 가득 찬다. 지금까지 존재하지 않던, ㉤<u>한바탕의 완연한 아름다움의 세계</u>가 칼 지나간 자리에서 홀연 나타나고, 나타나서 먹히기를 기다리고 있다. 돈과 밥이 나오지 않았다 하더라도, 이것은 필시 흥부의 박이다.
>
> – 김훈, 「수박」

① ㉠

② ㉡

③ ㉢

④ ㉣

⑤ ㉤

166 마지막 명제가 참일 때, 다음 빈칸에 들어갈 명제로 가장 적절한 것은?

> • 아는 것이 적으면 인생에 나쁜 영향이 생긴다.
> • _____
> • 지식을 함양하지 않으면 아는 것이 적다.
> • 공부를 열심히 하지 않으면 인생에 나쁜 영향이 생긴다.

① 공부를 열심히 한다고 해서 지식이 생기지는 않는다.

② 지식이 함양되었다는 것은 공부를 열심히 했다는 것이다.

③ 아는 것이 많으면 인생에 나쁜 영향이 생긴다.

④ 아는 것이 많으면 지식이 많다는 뜻이다.

⑤ 공부를 열심히 안 해도 아는 것은 많을 수 있다.

167 다음 명제를 통해 얻을 수 있는 결론으로 타당하지 않은 것은?

> - 정리정돈을 잘하는 사람은 집중력이 좋다.
> - 주변이 조용할수록 집중력이 좋다.
> - 깔끔한 사람은 정리정돈을 잘한다.
> - 집중력이 좋으면 성과 효율이 높다.

① 깔끔한 사람은 집중력이 좋다.

② 주변이 조용할수록 성과 효율이 높다.

③ 깔끔한 사람은 성과 효율이 높다.

④ 깔끔한 사람은 주변이 조용하다.

⑤ 성과 효율이 높지 않은 사람은 주변이 조용하지 않다.

168 토론자들의 주장을 가장 적절하게 분석한 것은?

> 사회자 : 최근 보이스피싱 범죄가 모든 금융권으로 확산되면서 피해액이 늘어나고 있습니다. 이에 금융 당국이 은행에도 일부 보상 책임을 지게 하는 방안을 검토하는 것으로 알려지고 있습니다. 이에 대해 어떻게 생각하십니까?
>
> 영수 : 개인들이 자신의 정보를 잘못 관리한 책임까지 은행에서 진다는 것은 문제가 있습니다. 도와드릴 수 있다면 좋겠지만, 은행 입장에서도 한계가 있는 부분이 있어 안타까울 뿐입니다.
>
> 민수 : 개인들이 자신의 개인 정보 관리에 다소 부주의함이 있다는 것은 인정합니다. 그러나 개인의 부주의를 이야기하는 것보다는 정부가 근본적인 해결책을 모색하는 것이 더욱 시급합니다.

① 영수와 달리, 민수는 보이스피싱 피해에 대한 책임을 소비자에게만 전가해서는 안 된다고 생각한다.

② 영수와 민수는 보이스피싱 범죄의 확산에 대한 일차적 책임이 은행과 정부에 있다고 생각한다.

③ 영수와 민수는 보이스피싱 범죄로 인한 피해를 방지하기 위해 은행에서 노력하고 있다고 생각한다.

④ 보이스피싱 범죄를 근본적으로 해결하기 위해 영수는 은행의 역할을, 민수는 정부의 역할을 강조한다.

⑤ 영수와 민수 모두 보이스피싱 범죄는 일차적으로 철저한 개인 정보 관리로 예방할 수 있다고 생각한다.

[169~170] 다음 글을 읽고 물음에 답하시오.

정치 철학자로 알려진 아렌트 여사는 우리가 보통 '일'이라 부르는 활동을 '작업'과 '고역'으로 구분한다. 이 두 가지 모두 인간의 노력, 땀과 인내를 수반하는 활동이며, 어떤 결과를 목적으로 하는 활동이다. 그러나 전자가 자의적인 활동인 데 반해서 후자는 타의에 의해 강요된 활동이다. 전자의 활동을 창조적이라 한다면 후자의 활동은 기계적이다. 창조적 활동의 목적이 작품 창작에 있다면, 후자의 활동 목적은 상품 생산에만 있다. 전자, 즉 '작업'이 인간적으로 수용될 수 있는 물리적 혹은 정신적 조건하에서 이루어지는 '일'이라면 '고역'은 그 정반대의 조건에서 행해진 '일'이라는 것이다. 인간은 언제 어느 곳에서든지 '일'이라고 불리는 활동에 땀을 흘리며 노력해 왔고, 현재도 그렇고, 아마도 앞으로도 영원히 그럴 것이다. 구체적으로 어떤 종류의 일이 '작업'으로 불릴 수 있고 어떤 일이 '고역'으로 분류될 수 있느냐는 그리 쉬운 문제가 아니다. 그러나 일을 작업과 고역으로 구별하고 그것들을 위와 같이 정의할 때 고역으로서 일의 가치는 부정되어야 하지만 작업으로서 일은 오히려 찬미 되고, 격려되며 인간으로부터 빼앗아 가서는 안 될 귀중한 가치라고 봐야 한다. '작업'으로서의 일의 내재적 가치와 존엄성은 이런 뜻으로서 일과 인간의 인간됨과 뗄 수 없는 필연적 관계를 갖고 있다는 사실에서 생긴다. 분명히 일은 노력과 아픔을 필요로 하고, 생존을 위해 물질적으로는 물론 정신적으로도 풍요한 생활을 위한 도구적 기능을 담당한다.

－ 박이문, 「일」

내용 파악 난이도 **상** 중 하

169 윗글의 내용으로 적절하지 않은 것은?

① 인간은 생존을 위해서 일을 한다.
② 일은 노력, 땀과 인내를 필요로 한다.
③ 일은 어떤 결과를 목적으로 하는 활동이다.
④ '작업'과 '고역'은 쉽게 분류될 수 없다.
⑤ 일은 물질적인 것보다 정신적 풍요를 위한 도구이다.

내용 추론 난이도 상 **중** 하

170 윗글에 나타난 '작업'과 '고역'의 예로 가장 적절한 것은?

① 신발 정리가 되어 있지 않은 것을 보고 자발적으로 정리하는 것은 '고역'이겠군.
② 자신이 좋아하는 운동을 연습하여 실력이 향상되는 것은 '고역'이겠군.
③ 방이 지저분해서 꾸지람을 들은 뒤 억지로 방 청소를 하는 것은 '작업'이겠군.
④ 요리사가 되고 싶어 새로운 조리법을 개발하는 것은 '작업'이겠군.
⑤ 지각한 벌로 청소를 하는 것은 '작업'이겠군.

171 다음 글의 내용과 부합하는 것은?

> 미국의 어머니들은 자녀와 함께 놀이를 할 때 특정 사물에 초점을 맞추고 그 사물의 속성을 아이들에게 가르친다. 사물의 속성 자체에 관심을 기울이도록 훈련받은 아이들은 스스로 독립적인 행동을 하도록 교육받는다. 미국에서는 아이들에게 의사소통을 가르칠 때 자신의 생각을 분명하게 표현하고 말하는 사람의 입장에서 대화에 임해야 하며, 대화 과정에서 오해가 발생하면 그것은 말하는 사람의 잘못이라고 강조한다.
>
> 반면에 일본의 어머니들은 대상의 '감정'에 특별히 신경을 써서 가르친다. 특히 자녀가 말을 안 들을 때에 그러하다. 예를 들어 "네가 밥을 안 먹으면, 고생한 농부 아저씨가 얼마나 슬프겠니?", "인형을 그렇게 던져 버리다니, 저 인형이 울잖아. 담장도 아파하잖아." 같은 말들로 꾸중하는 모습을 자주 볼 수 있다. 다른 사람과의 관계에 초점을 맞춘 훈련을 받은 아이들은 자신의 생각을 드러내기보다는 행동에 영향을 받는 다른 사람들의 감정을 미리 예측하도록 교육받는다. 곧 일본에서는 아이들에게 듣는 사람의 입장에서 말할 것을 강조한다.

① 미국의 어머니는 듣는 사람의 입장, 일본의 어머니는 말하는 사람의 입장을 강조한다.

② 일본의 어머니는 사물의 속성을 아는 것이 관계를 아는 것보다 더 중요하다고 생각한다.

③ 미국의 어머니는 어떤 일을 있는 그대로 보지 말고 이면에 있는 감정을 읽어야 한다고 생각한다.

④ 일본의 어머니는 듣는 사람의 입장을 배려하기 위해 의사소통 시 자신의 생각을 분명하게 표현하라고 가르친다.

⑤ 미국의 어머니는 자녀가 독립적인 행동을 하도록 교육하며, 일본의 어머니는 자녀가 타인의 감정을 예측하도록 교육한다.

172 다음 글의 빈칸에 들어갈 문장으로 가장 적절한 것은?

일본 젊은이의 '자동차 이탈(차를 사지 않는 것)' 현상은 어제오늘 일이 아니다. 니혼게이자이신문이 2007년 도쿄의 20대 젊은이 1,270명을 조사했을 때 자동차 보유비율은 13%였다. 2000년 23.6%에서 10%포인트 이상 떨어졌다. 자동차를 사지 않는 풍조를 넘어, 자동차 없는 현실을 멋지게 받아들이는 단계로 접어들었다는 것이다. (　　　　　　　　　　　) '못' 사는 것을 마치 '안' 사는 것인 양 귀엽게 포장한 것이다. 사실 일본 젊은이들의 자동차 이탈에는 장기 침체와 청년 실업이라는 경제적 배경이 버티고 있다.

① 이런 풍조는 사실 일종의 자기 최면이다.
② 이런 상황에는 자동차 산업 불황이 한몫했다.
③ 이런 현상은 젊은이들의 사행심에서 비롯되었다.
④ 이는 젊은이들의 의식이 건설적으로 바뀐 결과이다.
⑤ 이는 일본의 장기적인 경기 침체 현상 때문이다.

173 다음 빈칸에 들어갈 문장으로 가장 적절한 것은?

힐링(healing)은 사회적 압박과 스트레스 등으로 손상된 몸과 마음을 치유하는 방법을 포괄적으로 일컫는 말이다. 우리보다 먼저 힐링이 정착된 서구에서는 질병 치유의 대체요법 또는 영적·심리적 치료 요법 등을 지칭하고 있다. 국내에서도 최근 힐링과 관련된 갖가지 상품이 유행하고 있다. 간단한 인터넷 검색을 통해 수천 가지의 상품을 확인할 수 있을 정도이다. 종교적 명상, 자연 요법, 운동 요법 등 다양한 형태의 힐링 상품이 존재한다. 심지어 고가의 힐링 여행이나 힐링 주택 등의 상품들도 나오고 있다. 그러나 (　　　　　　　　　　　) 우선 명상이나 기도 등을 통해 내면에 눈뜨고, 필라테스나 요가를 통해 육체적 건강을 회복하여 자신감을 얻는 것부터 출발할 수 있다.

① 힐링이 먼저 정착된 서구의 힐링 상품들을 참고해야 할 것이다.
② 이러한 상품들의 값이 터무니없이 비싸다고 느껴지지는 않을 것이다.
③ 많은 돈을 들이지 않고서도 쉽게 할 수 있는 일부터 찾는 것이 좋을 것이다.
④ 자신을 진정으로 사랑하는 법을 알아야 할 것이다.
⑤ 힐링 상품에 대한 사기가 기승을 부리므로 조심해야 한다.

(가) 국가가 경제 논리에서 벗어나서 당장 기술 개발과 상대적으로 무관해 보이는 기초 과학 연구까지도 지원해야 하는 데에는 다음과 같은 두 가지 이유가 있다. 우선 과학은 과학 문화로서 가치가 있다. 과학 문화는 과학적 세계관을 고양하고, 합리적 비판 정신을 높게 사며, 현대 사회가 만들어 내는 여러 문제들에 대해 균형 잡힌 전문가를 키우는 데 결정적으로 중요하다. 우주론, 진화론, 입자 물리학과 이론과학의 연구는 우리 세계관을 형성하며, 권위에 맹목적으로 의존하지 않고 새로움을 높게 사는 과학의 정신은 합리성의 원천이 된다. 토론을 통해서 오류를 제거하고 합의에 이르는 과학의 의사소통 과정은 바람직한 전문성의 모델을 제공한다. 이러한 훈련은 과학을 전공하는 학생만이 아니라 인문학이나 사회 과학을 전공하는 학생 모두에게 폭넓게 제공되어야 한다.

(나) 둘째, 기초 연구는 (㉠)을/를 위해서 중요하다. 대학에서 즉각적으로 기술과 산업에 필요한 내용만을 교육한다면, 이런 지식은 당장은 쓸모가 있겠지만 미래 기술의 발전과 변화에 무력하다. 결국, 과학 기술이 빠르게 발전할수록 학생들에게 과학의 근본에 대해서 깊이 생각하게 하고 이를 바탕으로 창의적인 연구 결과를 내는 경험을 하도록 만드는 것이 중요하다. 남이 해 놓은 것을 조금 개량하는 데에서 머무르지 않고 정말 새롭고 혁신적인 것을 만들기 위해서는, 결국 지식의 기반 수준에서 창의적일 수 있는 교육이 이루어져야 한다. 이러한 교육은 기초 과학 연구가 제공할 수 있다.

(다) 기초 과학과 기초 연구가 왜 중요한가? 토대이기 때문이다. 창의적 기술, 문화, 교육이 그 위에 굳건한 집을 지을 수 있는.

— 홍성욱, 「기초 과학의 진정한 가치」

서술 방식 　난이도 상 중 하

174 (가) ~ (다)에 대한 설명으로 가장 적절한 것은?

① (가) : 단어의 어원을 밝히며 개념을 정의하고 있다.

② (나) : 공간 이동에 따라 관찰한 내용을 서술하고 있다.

③ (다) : 묻고 답하는 방식으로 중심 내용을 드러내고 있다.

④ (가), (나), (다) : 직접 실험하여 가설을 입증하고 있다.

⑤ (가), (나), (다) : 시간의 흐름에 따른 가설의 변화를 통해 가설을 정의하고 있다.

빈칸 추론 　난이도 상 중 하

175 (나)의 문맥으로 보아, ㉠에 들어갈 단어로 가장 적절한 것은?

① 교육 　　　　　　　　　② 기술

③ 문화 　　　　　　　　　④ 산업

⑤ 발전

176 다음 글의 구조를 바르게 분석한 것은?

㉠ 역사 속에서 사건들이 진행해 나가는 거대한 도식 또는 규칙성을 인간이 발견할 수 있다는 생각은 분류, 연관, 예측의 측면에서 자연과학이 이룩한 성공에 깊은 인상을 받은 사람들을 자연스럽게 매혹시켰다.

㉡ 따라서 그들은 과학적 방법, 즉 형이상학적 또는 경험적 체계를 적용하여, 자기들이 보유하고 있는 확실한 사실 또는 사실상 확실한 지식의 섬을 기반으로 발전하였다. 이를 통해 과거 안에 있는 빈틈들을 메울 수 있도록 역사적 지식을 확장할 길을 구하였다.

㉢ 그들은 알려진 바에서 출발하여 알지 못했던 것을 주장하거나, 조금 아는 것을 기반으로 그보다 더 조금밖에 몰랐던 것에 관하여 주장하였다. 이 과정에서 여타 분야에서나 역사의 분야에서 많은 성취가 있었고 앞으로도 있으리라는 점에는 의문의 여지가 없다.

㉣ 그런데 어떤 전체적인 도식이나 규칙성의 발견이, 과거나 미래에 관한 특정 가설들의 탄생이나 증명에 얼마나 도움을 주는지 상관없이, 그 발상은 우리 시대의 관점을 결정하는 데에도 일정한 역할을 해왔고, 그 역할을 점점 더 강화해 나가고 있다.

㉤ 그 발상은 인간 존재들의 활동과 성격을 관찰하고 서술하는 방법에만 영향을 미친 것이 아니라, 그들을 대하는 도덕적·정치적·종교적 자세에도 영향을 미쳐왔다.

㉥ 왜냐하면 사람들이 '왜' 그리고 '어떻게' 그처럼 행동하고 사는 것인지를 고려하다 보면 떠오를 수밖에 없는 질문에는 '인간의 동기와 책임'에 관한 질문들이 있기 때문이다.

①

②

③
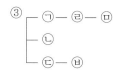

④

⑤

177 다음 글에서 〈보기〉의 문장이 들어갈 위치로 가장 적절한 것은?

기억이 착오를 일으키는 프로세스는 인상적인 사물을 받아들이는 단계부터 이미 시작된다. (가) 감각적인 지각의 대부분은 무의식 중에 기록되고 오래 유지되지 않는다. (나) 대개는 수 시간 안에 사라져 버리며, 약간의 본질만이 남아 장기 기억이 된다. 무엇이 남을지는 선택에 의해서, 그리고 그 사람의 견해에 따라서도 달라진다. (다) 분주하고 정신이 없는 장면을 보여 주고, 나중에 그 모습에 대해서 이야기하게 해 보자. (라) 어느 부분에 주목하고, 또 어떻게 그것을 해석했는지에 따라 즐겁기도 하고 무섭기도 하다. (마) 단순히 정신 사나운 장면으로만 보이는 경우도 있다. 기억이란 원래 일어난 일을 단순하게 기록하는 것이 아니다.

──● 보 기 ●──
일어난 일에 대한 묘사는 본 사람이 무엇을 중요하게 판단하고, 무엇에 흥미를 가졌느냐에 따라 크게 다르다.

① (가) ② (나)
③ (다) ④ (라)
⑤ (마)

178 다음 글의 제목으로 가장 알맞은 것은?

반사회적 인격장애(antisocial personality disorder), 일명 사이코패스(psychopath)는 타인의 권리를 대수롭지 않게 여기고 침해하며, 반복적인 범법행위나 거짓말, 사기성, 공격성, 무책임함 등을 보이는 인격장애이다. 사이코패스는 1920년대 독일의 쿠르트 슈나이더(Kurt Schneider)가 처음 소개한 개념으로 이들은 타인의 권리를 무시하는 무책임한 행동을 반복적, 지속적으로 보이며 다른 사람의 감정에 관심이나 걱정이 없고, 죄책감을 느끼지 못한다. 따라서 정직, 성실, 신뢰와 거리가 멀다. 반사회적 사람들 중 일부는 달변가인 경우도 있다. 다른 사람을 꾀어내기도 하고 착취하기도 한다. 대개 다른 사람이 느끼는 감정에는 관심이 없지만, 타인의 고통에서 즐거움을 얻는 가학적인 사람들도 있다.

① 사이코패스의 원인 ② 사이코패스의 유형
③ 사이코패스의 예방법 ④ 사이코패스의 진단법
⑤ 사이코패스의 정의와 특성

179 다음 글의 제목으로 가장 알맞은 것은?

> 많은 경제학자는 제도의 발달이 경제 성장의 중요한 원인이라고 생각해 왔다. 예를 들어 재산권 제도가 발달하면 투자나 혁신에 대한 보상이 잘 이루어져 경제 성장에 도움이 된다는 것이다. 그러나 이를 입증하기는 쉽지 않다. 제도의 발달 수준과 소득 수준 사이에 상관관계가 있다 하더라도, 제도가 경제 성장에 영향을 주었는지, 경제 성장으로부터 영향을 받았는지 인과관계를 판단하기 어렵기 때문이다.

① 경제 성장과 소득 수준　　　　　② 경제 성장과 제도 발달
③ 소득 수준과 제도 발달　　　　　④ 소득 수준과 투자 수준
⑤ 제도 발달과 투자 수준

180 다음 글의 주제로 알맞은 것은?

> '새'는 하나의 범주이다. [+동물], [+날 것]과 같이 성분 분석을 한다면 우리 머릿속에 떠오른 '새'의 의미를 충분히 설명했다고 보기 어렵다. 성분 분석 이론의 의미자질 분석은 단순할 뿐이다. 이것이 실망스러운 이유는 성분 분석 이론의 '새'에 대한 의미 기술이 고작해야 다른 범주, 즉 조류가 아닌 다른 동물 범주와 구별해 주는 정도밖에 되지 못했기 때문이다. 아리스토텔레스 이래로 하나의 범주는 경계가 뚜렷한 실재물이며, 범주 구성원은 서로 동등한 자격을 가지고 있다고 믿어 왔다. 그리고 범주를 구성하는 단위는 자질들의 집합으로 설명될 수 있다고 생각해 왔다. 앞에서 보여 준 성분 분석 이론 역시 그런 고전적인 범주 인식에 바탕을 두고 있다. 어휘의 의미는 의미 성분, 곧 의미 자질들의 총화로 기술될 수 있다고 믿는 것, 그것은 하나의 범주가 필요·충분 조건으로 이루어져 있다는 가정에서만이 가능한 것이었다. 그러나 '새'의 범주를 떠올려 보면, 범주의 구성원들끼리 결코 동등한 자격을 가지고 있지 않다. 가장 원형적인 구성원이 있는가 하면, 덜 원형적인 것, 주변적인 것도 있다. 이렇게 고전 범주화 이론과 차별되는 범주에 대한 새로운 인식은 인지 언어학에서 하나의 혁명으로 간주되었다.

① '새'의 범주의 필요·충분 조건
② '새'가 갖는 성분 분석의 이론적 의미
③ '새'의 성분 분석 결과
④ 성분 분석 이론의 바탕
⑤ 고전 범주화 이론의 한계

181 다음 글의 내용과 일치하는 것은?

사람의 목숨을 좌우할 수 있는 형벌문제는 군현(郡縣)에서 항상 일어나는 것이고 지방관리가 되면 늘 처리해야 하는 일인데도, 사건을 조사하는 것이 항상 엉성하고 죄를 결정하는 것이 항상 잘못된다. 옛날에 자산이라는 사람이 형벌규정을 정한 형전(刑典)을 새기자 어진 사람들이 그것을 나무랐고, 이회가 법률서적을 만들자 후대의 사람이 그를 가벼이 보았다. 그 뒤 수(隋)나라와 당(唐)나라 때에 와서는 이를 절도(竊盜)·투송(鬪訟)과 혼합하고 나누지 않아서, 세상에서 아는 것은 오직 한패공(漢沛公 : 한 고조 유방)이 선언한 '사람을 죽인 자는 죽인다.'는 규정뿐이었다.

그런데 선비들은 어려서부터 머리가 희어질 때까지 오직 글쓰기나 서예 등만 익혔을 뿐이므로 갑자기 지방관리가 되면 당황하여 어찌할 바를 모른다. 그래서 간사한 아전에게 맡겨 버리고는 스스로 알아서 처리하지 못하니, 저 재화(財貨)만을 숭상하고 의리를 천히 여기는 간사한 아전이 어찌 이치에 맞게 형벌을 처리할 수 있겠는가?

– 정약용, 『흠흠신서(欽欽新書)』 서문

① 고대 중국에서는 형벌 문제를 중시하였다.
② 아전을 형벌 전문가로서 높이 평가하고 있다.
③ 조선시대의 사대부들은 형벌에 대해 잘 알지 못한다.
④ 지방관들은 인명을 다루는 사건을 현명하게 처리하고 있다.
⑤ 선비들은 이치에 맞게 형벌을 처리할 수 있었다.

182 다음 글의 주제로 가장 적절한 것은?

분노는 공격과 복수의 행동을 유발한다. 분노 감정의 처리에는 '눈에는 눈, 이에는 이'라는 탈리오 법칙이 적용된다. 분노의 감정을 느끼게 되면 상대방에 대해 공격적인 행동을 하고 싶은 공격 충동이 일어난다. 동물의 경우, 분노를 느끼면 이빨을 드러내게 되고 발톱을 세우는 등 공격을 위한 준비 행동을 나타내게 된다. 사람의 경우에도 분노를 느끼면 자율신경계가 활성화되고 눈매가 사나워지며 이를 꽉 깨물고 주먹을 불끈 쥐는 등 공격 행위와 관련된 행동들이 나타나게 된다. 특히 분노 감정이 강하고 상대방이 약할수록 공격 충동은 행동화 되는 경향이 있다.

① 공격을 유발하게 되는 원인
② 분노가 야기하는 행동의 변화
③ 탈리오 법칙의 정의와 실제 사례
④ 동물과 인간의 분노 감정의 차이
⑤ 분노 감정의 처리와 법칙

183 다음 글의 내용과 일치하는 것은?

사람들은 고급문화가 오랫동안 사랑을 받는 것이고, 대중문화는 일시적인 유행에 그친다고 생각하고 있다. 그러나 이러한 판단은 근거가 확실치 않다. 예컨대, 모차르트의 음악은 지금껏 연주되고 있지만, 비슷한 시기에 활동했고 당대에는 비슷한 평가를 받았던 살리에리의 음악은 현재 아무도 연주하지 않는다. 모르긴 해도 그렇게 사라진 예술가가 한둘이 아니지 않을까. 그런가 하면 1950 ~ 1960년대 엘비스 프레슬리와 비틀즈의 음악은 지금까지도 매년 가장 많은 저작권료를 발생시킨다. 이른바 고급문화의 유산들이 수백 년간 역사 속에서 형성된 것인 데 반해 우리가 대중문화라 부르는 문화 산물은 그 역사가 고작 100년을 넘지 않았다.

① 비틀즈의 음악은 오랫동안 사랑을 받고 있으니 고급문화라고 할 수 있다.
② 살리에리는 모차르트와 같은 시대에 살며 대중음악을 했던 인물이다.
③ 많은 저작권료를 받는 작품이라면 고급문화로 인정해야 한다.
④ 대중문화가 일시적인 유행에 그칠지 여부는 아직 판단하기 곤란하다.
⑤ 대중문화는 고급문화보다 사람들에게 사랑받기 힘들 것이다.

길을 걷다가 중학생 또래의 청초하고 해맑은 아이들 입에서 거친 욕설이 줄줄이 흘러나오는 것을 보고 경악했다는 어른이 많다. 더구나 요즘 청소년 사이에 만연한 욕은 그것이 욕설이라는 것조차 의식하지 못하는, 습관화된 언어폭력이라고 할 정도이다. 욕을 안 쓰면 대화가 안 될 정도로 욕설이 일상화된 현실은 우리 사회가 심각하게 반성할 문제이다.

욕설이나 비속어는 아니지만, 사회적·문화적 차별 의식을 담고 있는 표현들이 있다. 몇몇 직업에 대한 호칭이 바뀐 이유는 그러한 차별을 없애기 위해서이다. 예컨대 옛날의 '식모'는 요즈음 '가정부', 나아가 '가사도우미'로 불린다. '우체부'는 '집배원', '청소부'는 '환경미화원', '간호원'은 '간호사'로 바뀌었다. 직업에 따른 차별을 없애고 좀 더 격(格)을 높여 직업적 자부심을 부추기는 방향으로 변한 것이다. 이와 비슷한 차별적 표현에는 '미혼모', '여의사', '출가외인', '사내 녀석이 그것도 못 해?'와 같은 성차별적 표현이 있고, '절름발이 행정', '장님 코끼리 더듬기', '꿀 먹은 벙어리' 같은 신체 차별적 표현도 있다. '유색인종', '혼혈아' 같은 표현들은 인종에 따른 차별 표현으로, 한때 '살색'이라고 부르던 색을 '살구색'으로 바꾼 것은 이러한 표현에 담긴 차별 의식을 없애기 위해서이다. …(중략)…

말과 글은 어떻게 쓰느냐에 따라 남을 즐겁게도 기분 상하게도 한다. 따라서 말을 요령 있게 사용하면 자신의 의도를 더 잘 달성할 수 있으며, 사회 전체의 언어문화도 바꿀 수 있다. 이때 제일 먼저 생각해야 할 것은 역시 상대방에 대한 배려와 존중이다. 『논어』에 나오는 '내가 싫어하는 것은 남에게도 베풀지 말라.'라는 구절은 입을 열고 펜을 들기 전에 한번쯤 되뇌어 볼 만한 명구이다. 언어폭력은 언어폭력을 부르며, 결국은 심리적인 상처나 물리적인 충돌로도 번진다. 내 입에서 나가는 말 한마디, 내가 종이에 적는 글 한 구절이 나 자신의 품격뿐 아니라 공동체 전체의 행복과도 직결된다는 점을 의식하며 바람직한 의사소통 문화를 형성해야 한다.

— 노재현, 「말이 세상을 아름답게 한다」

서술 방식 난이도 상 **중** 하

184 윗글의 서술 방식으로 가장 적절한 것은?

① 예상되는 반론을 제시하여 이를 반박하고 있다.
② 묻고 답하기의 방식으로 주장을 강화하고 있다.
③ 구체적 현실을 제시하여 문제 상황을 드러내고 있다.
④ 설문 조사의 결과를 주장의 근거로 제시하고 있다.
⑤ 이론의 개념을 밝히며 논지를 전개하고 있다.

글의 주제 난이도 상 **중** 하

185 윗글의 중심 내용으로 가장 적절한 것은?

① 한글 맞춤법에 맞는 언어 사용을 생활화해야 한다.
② 어휘력의 향상을 위해서 독서 습관을 길러야 한다.
③ 서로를 배려하는 의사소통 문화를 형성해야 한다.
④ 한글의 우수성을 세계에 알리기 위해 노력해야 한다.
⑤ 평등을 위해 단어에 들어 있는 차별 요소를 없애야 한다.

186 다음 중 글쓴이의 입장과 가장 거리가 먼 것은?

> 문화상대주의는 다른 문화를 서로 다른 역사, 환경의 맥락에서 이해해야 한다는 인식론이자 방법론
> 이며 관점이고 원칙이다. 하지만 문화상대주의가 차별을 정당화하거나 빈곤과 인권침해, 저개발상
> 태를 방치하는 윤리의 백치상태를 정당화하는 수단이 될 수는 없다. 만일 문화상대주의가 타 문화를
> 이해하는 방법이 아니라, 윤리적 판단을 회피하거나 보류하는 도덕적 문화상대주의에 빠진다면,
> 이는 문화상대주의를 남용한 것이다. 문화상대주의는 다른 문화를 강요하거나 똑같이 적용해서는
> 안 된다는 의견일 뿐이므로 보편윤리와 인권을 부정하는 윤리적 회의주의와 혼동해서는 안 된다.

① 문화상대주의와 윤리적 회의주의는 구분되어야 한다.
② 문화상대주의가 도덕적 문화상대주의에 빠지는 것을 경계해야 한다.
③ 문화상대주의자는 일반적으로 도덕적 판단에 대해 가치중립적이어야 한다.
④ 문화상대주의는 타 문화에 대한 관용의 도구가 될 수 있다.
⑤ 문화상대주의는 서로 다른 문화를 그 나라의 입장에서 이해하는 것이다.

187 다음 글에 비추어 볼 때 합리주의적 입장이 아닌 것은?

> 어린이의 언어 습득을 설명하려는 이론으로는 두 가지가 있다. 하나는 경험주의 혹은 행동주의 이론
> 이요, 다른 하나는 합리주의 이론이다. 경험주의 이론에 의하면, 어린이가 언어를 습득하는 것은
> 어떤 선천적인 능력에 의한 것이 아니라 경험적인 훈련에 의해서 오로지 후천적으로만 이루어지는
> 것이다. 한편 합리주의적 언어 습득의 이론에 의하면, 어린이가 언어를 습득하는 것은 '거의 전적
> 으로 타고난 특수한 언어 학습 능력'과 '일반 언어 구조에 대한 추상적인 선험적 지식'에 의해서
> 이루어지는 것이다.

① 어린이는 완전히 백지 상태에서 출발하여 반복 연습과 시행착오와 그 교정에 의해서 언어라는
　습관을 형성한다.
② 언어 습득의 균일성이다. 즉, 일정한 나이가 되면 모든 어린이가 예외 없이 언어를 통달하게 된다.
③ 언어의 완전한 달통성이다. 즉, 많은 현실적 악조건에도 불구하고 어린이가 완전한 언어 능력을
　갖출 수 있게 된다.
④ 성인이 따로 언어교육을 하지 않더라도 어린이는 스스로 언어를 터득한다.
⑤ 언어가 극도로 추상적이고 고도로 복잡한데도 불구하고 어린이들이 짧은 시일 안에 언어를 습득
　한다.

188 다음 제시된 단락을 읽고, 이어질 단락을 논리적 순서에 맞게 배열한 것은?

> 청바지는 모든 사람이 쉽게 애용할 수 있는 옷이다. 말 그대로 캐주얼의 대명사인 청바지는 내구력과 범용성 면에서 다른 옷에 비해 뛰어나고, 패션적으로도 무난하다는 점에서 옷의 혁명이라 일컬을 만하다. 그러나 청바지의 시초는 그렇지 않았다.

> (가) 청바지의 시초는 광부들의 옷으로 알려졌다. 정확히 말하자면 텐트용으로 주문 받은 천을 실수로 푸른색으로 염색한 바람에 텐트 납품 계약이 무산되자, 재고가 되어 버린 질긴 천을 광부용 옷으로 변용해 보자는 아이디어에 의한 것이다.
>
> (나) 청바지의 패션 아이템화는 한국에서도 크게 다르지 않다. 나팔바지, 부츠컷, 배기팬츠 등 다양한 변용이 있으나, 세대 차이라는 말이 무색할 만큼 과거의 사진이나 현재의 사진이나 많은 사람이 청바지를 캐주얼한 패션 아이템으로 활용하는 것을 볼 수 있다.
>
> (다) 비록 시작은 그리하였지만, 청바지는 이후 패션 아이템으로 선풍적인 인기를 끌었다. 과거 유명한 서구의 남성 배우들의 아이템에는 꼭 청바지가 있었다고 해도 과언이 아닌데, 그 예로는 제임스 딘이 있다.
>
> (라) 다만 청바지는 주재료인 데님의 성질로 활동성을 보장하기 어려웠던 부분을 단점으로 들 수 있겠으나, 2000년대 들어 스판덱스가 첨가된 청바지가 사용되기 시작하면서 그러한 문제도 해결되어 전천후 의류로 기능하고 있다.

① (라) - (다) - (가) - (나)   ② (다) - (가) - (라) - (나)

③ (가) - (다) - (라) - (나)   ④ (다) - (가) - (나) - (라)

⑤ (가) - (다) - (나) - (라)

[189~190] 다음 글을 읽고 물음에 답하시오.

세상에 개미가 얼마나 있을까를 연구한 학자가 있습니다. 전 세계의 모든 개미를 일일이 세어 본 절대적 수치는 아니지만 여기저기서 표본 조사를 하고 수없이 곱하고 더하고 빼서 나온 숫자가 10의 16제곱이라고 합니다. 10에 영이 무려 16개가 붙어서 제대로 읽을 수조차 없는 숫자가 되고 맙니다. 전 세계 인구가 65억이라고 합니다. 만약 아주 거대한 시소가 있다고 했을 때 한쪽에는 65억의 인간이, 한쪽에는 10의 16제곱이나 되는 개미가 모두 올라탄다고 생각해 보십시오. 개미와 우리 인간은 함께 시소를 즐길 수 있습니다. 이처럼 엄청난 존재가 개미입니다. 도대체 어떻게 개미가 이토록 생존에 성공할 수 있었을까요? 그건 바로 개미가 인간처럼 협동할 수 있는 존재라서 그렇습니다. 협동만큼 막강한 힘을 보여 줄 수 있는 것은 없습니다. 하나만 예를 들겠습니다. 열대에 가면 수많은 나무들이 조금이라도 더 햇볕을 받으려고 서로 얽히고설켜 빽빽하게 서 있습니다. 이 나무들 중에 개미가 집을 짓고 사는 아카시아 나무가 있는데 자그마치 6천만 년 동안이나 개미와 공생을 해왔습니다. 아카시아 나무는 개미에게 필요한 집은 물론 탄수화물과 단백질 등 영양분도 골고루 제공하는 대신, 개미는 반경 5미터 내에 있는 다른 식물들을 모두 제거해 줍니다. 대단히 놀라운 일이죠. 이처럼 개미는 많은 동식물과 서로 밀접한 공생 관계를 맺으며 오랜 세월을 살아온 것입니다. 진화 생물학은 자연계에 적자생존의 원칙이 존재한다고 말합니다. 하지만 적자생존이란 어떤 형태로든 잘 살 수 있는, 적응을 잘하는 존재가 살아남는다는 것이지 꼭 남을 꺾어야만 한다는 뜻은 아닙니다. 그동안 우리는 자연계의 삶을 경쟁 일변도로만 보아온 것 같습니다. 자연을 연구하는 생태학자들도 십여 년 전까지는 이것이 자연의 법칙인 줄 알았습니다. 그런데 이 세상을 둘러보니 살아남은 존재들은 무조건 전면전을 벌이면서 상대를 꺾는 데만 주력한 생물이 아니라 자기 짝이 있는, 서로 공생하면서 사는 종(種)이라는 사실을 발견한 것입니다.

— 최재천, 「더불어 사는 공생인으로 거듭나기」

내용 일치　난이도　상 **중** 하

189 윗글의 내용으로 적절하지 않은 것은?

① 개미는 협동하는 능력을 지니고 있다.
② 아카시아 나무와 개미는 공생 관계에 있다.
③ 적자생존이란 반드시 남을 꺾는 것만을 의미한다.
④ 자연계에서는 적응을 잘하는 존재가 살아남는다.
⑤ 자연을 살아가는 존재들은 공생하며 살아간다.

서술 방식　난이도　상 **중** 하

190 윗글의 서술 방식으로 적절하지 않은 것은?

① 독자의 이해를 돕기 위해 가정하여 설명하고 있다.
② 직접 조사한 내용을 분류하여 제시하고 있다.
③ 구체적인 예를 들어 주장을 뒷받침하고 있다.
④ 학자의 연구 결과를 근거로 제시하고 있다.
⑤ 경어체를 활용하여 글을 전개하고 있다.

[191~192] 다음 글을 읽고 물음에 답하시오.

정중하고 단호한 태도를 보이는 것과, 수동적이거나 공격적인 반응을 하는 것은 엄청난 차이가 있다. 수동적인 사람들은 마음속에 있는 자신의 생각을 표현하면 분란이 일어날까 봐 두려워한다. 그러나 자신의 의견을 말하지 않는 한 자신이 원하는 것을 얻을 수는 없다. 이와 반대로 공격적인 태도는 자신의 권리를 앞세워 생각해서 남을 희생시켜서라도 자신이 원하는 것을 얻으려는 것이다. 공격적인 사람은 사람들이 싫어하는 행동을 하곤 한다. 그러나 단호한 반응은 공격적인 반응과 다르다. 단호한 반응은 다른 사람의 권리를 침해하지 않으면서 자신의 권리를 존중하고 지키겠다는 것이다. 이것은 상대방을 배려하는 태도를 보여 준다. 상대방을 존중하면서도 얼마든지 자신의 의견을 내세울 수 있다. 단호한 주장은 명쾌하고 직접적이며 요점을 찌른다.

그럼 실제로 연습해 보자. 어느 흡연자가 당신의 차 안에서 담배를 피워도 되는지 묻는다. 당신은 담배 연기를 싫어하고 건강에 해롭다는 것도 잘 알고 있어 달갑지 않다. 어떻게 대응하는 것이 좋을까?

내용 파악 난이도 상 **중** 하

191 윗글에 대한 이해로 적절하지 않은 것은?

① 수동적인 사람들은 마음속에 자신의 의견을 표현하길 두려워한다.
② 공격적인 태도는 타인을 희생시켜서라도 자신의 권리를 앞세우는 것이다.
③ 글쓴이는 정중하고 단호한 태도와 상대방을 존중하는 것은 공존하기 어렵다고 본다.
④ 글쓴이의 견해에 따르면, 정중하고 단호한 주장은 모호하게 표현하지 않는 것이다.
⑤ 공격적인 사람은 사람들이 싫어하는 행동을 하기 때문에 사람들이 싫어하곤 한다.

내용 파악 난이도 상 **중** 하

192 윗글의 글쓴이의 견해에 부합하는 대응으로 가장 적절한 것은?

① 좀 그러긴 하지만, 괜찮아요. 창문 열고 피우세요.
② 안 되죠. 흡연이 얼마나 해로운데요. 좀 참아 보시겠어요.
③ 안 피우시면 좋겠어요. 연기가 해롭잖아요. 피우고 싶으시면 차를 세워 드릴게요.
④ 물어봐 줘서 고마워요. 피워도 그렇고 안 피워도 좀 그러네요. 생각해 보시고서 좋을 대로 하세요.
⑤ 피우고 싶으셔서 여쭤보셨을 텐데, 이동 중에도 흡연 충동을 못 참으시다니. 중독이 심각하시네요. 금연센터 연락처를 알아봐 드릴게요.

[193~194] 다음 글을 읽고 물음에 답하시오.

과거에는 일반 시민들이 사회 문제에 관한 정보를 얻을 수 있는 수단이 거의 없었다. 따라서 일반 시민들은 신문과 같은 전통적 언론을 통해 정보를 얻었고 전통적 언론은 주요 사회 문제에 대한 여론을 형성하는 데 강한 영향을 끼쳤다. 지금도 신문에서 물가 상승 문제를 반복해서 보도하면 일반 시민들은 이를 중요하다고 생각하고, 그와 관련된 여론도 활성화된다. 이처럼 전통적 언론이 여론을 형성하는 것을 '의제설정기능'이라고 한다.

(㉠) 막강한 정보원으로 인터넷이 등장한 이후 전통적 언론의 영향력은 약화되고 있다. 그리고 인터넷을 통한 상호작용 매체인 소셜 네트워킹 서비스(이하 SNS)가 등장한 이후에는 그러한 경향이 더욱 강화되고 있다. 일반 시민들이 SNS를 통해 문제를 제기하고, 많은 사람들이 그 문제에 대해 중요하다고 생각하면 역으로 전통적 언론에서 뒤늦게 그 문제에 대해 보도하는 현상이 생기게 된 것이다. 이러한 현상을 일반 시민이 의제설정을 주도한다는 점에서 '역의제설정' 현상이라고 한다.

글의 맥락   난이도 상 **중** 하

193 윗글의 ㉠에 알맞은 접속어로 옳은 것은?

① 따라서
② 그러므로
③ 하지만
④ 다시 말해
⑤ 가령

내용 일치   난이도 상 **중** 하

194 윗글을 읽고 〈보기〉의 내용과 일치하는 것을 모두 고르시오.

─●보 기●─
㉠ 현대의 전통적 언론은 '의제설정기능'을 전혀 수행하지 못하고 있다.
㉡ SNS는 일반 시민이 의제설정을 주도하는 것을 가능하게 했다.
㉢ 현대 언론은 과거 언론에 비해 '의제설정기능'의 역할이 강하다.
㉣ SNS로 인해 '의제설정' 현상이 강해지고 있다.

① ㉡
② ㉠, ㉡
③ ㉠, ㉣
④ ㉢, ㉣
⑤ ㉠, ㉡, ㉢

아이를 낳으면 엄마는 정신이 없어지고 지적 능력이 감퇴한다는 것이 일반 상식이었다. 그러나 이것에 반기를 드는 실험 결과가 발표되었다.

최근 보스톤 글로브지에 보도된 바에 의하면 킹슬리 박사팀은 몇 개의 실험을 통하여 흥미로운 결과를 발표하였다. 그들의 실험에 따르면 엄마쥐는 처녀쥐보다 후각능력과 시각능력이 급증하고 먹잇감을 처녀쥐보다 세 배나 빨리 찾았다. 엄마쥐가 되면 엄마의 두뇌는 에스트로겐, 코티졸 등에 의해 마치 목욕을 한 것처럼 된다. 그런데 주목할 것은 엄마쥐 혼자 내적으로 두뇌에 변화가 오는 것이 아니라 새끼와 상호작용하는 것이 두뇌 변화에 큰 영향을 준다는 것이다. 새끼를 젖 먹이고 다루는 과정에서 감각적 민감화와 긍정적 변화가 일어나고 인지적 능력이 상승한다.

(㉠) 인간에게서는 어떨까. 대개 엄마가 되면 너무 힘들고 일에 부대껴서 결국은 지적 능력도 떨어진다고 생각한다. 그러나 이런 현상은 상당 부분 사회공동체적 자기암시로부터 온 것이라고 봐야 한다. 오하이오 신경심리학자 줄리에 수어는 임신한 여성들을 두 집단으로 나누어, A집단에게는 "임신이 기억과 과제 수행에 어떤 영향을 주는가를 알아보기 위해서 검사를 한다."고 하고, B집단에게는 설명 없이 그 과제를 주었다. 그 결과 A집단의 여성들이 B집단보다 과제 수행점수가 현저히 낮았다. <u>A집단은 임신하면 머리가 나빠진다는 부정적 고정관념의 영향을 받은 것이다.</u>

연구결과들에 의하면 엄마가 된다는 것은 감각·인지 능력 및 용감성 등을 높여준다. 지금껏 연구는 주로 쥐를 중심으로 이루어졌지만, 인간에게도 같은 원리가 적용될 가능성은 많다.

어휘 | 난이도 상 중 **하**

195 윗글의 밑줄 친 부분과 유사한 사례를 설명할 수 있는 속담이 아닌 것은?

① 암탉이 울면 집안이 망한다
② 여자가 셋이면 나무 접시가 들논다
③ 여자는 제 고을 장날을 몰라야 팔자가 좋다
④ 여편네 팔자는 뒤웅박 팔자라
⑤ 미꾸라지 한 마리가 온 물을 흐린다

글의 맥락 | 난이도 상 **중** 하

196 윗글의 ㉠에 알맞은 접속어로 옳은 것은?

① 즉   ② 하지만
③ 예를 들어   ④ 그러면
⑤ 따라서

[197~198] 다음 글을 읽고 물음에 답하시오.

> 몇 년 전 미국의 주간지 『타임』에서는 올해 최고의 발명품 중 하나로 '스티키봇(Stickybot)'을 선정했다. 이 로봇 기술의 핵심은 한 방향으로 힘을 가하면 잘 붙어 떨어지지 않지만 다른 방향에서 잡아당기면 쉽게 떨어지는 방향성 접착성 화합물의 구조를 가진 미세한 섬유 조직으로, 도마뱀의 발바닥에서 착안한 것이다. 스티키봇처럼 살아 있는 생물의 행동이나 구조를 모방하거나 생물이 만들어 내는 물질 등을 모방함으로써 새로운 기술을 만들어 내는 학문을 생체모방공학(biomimetics)이라고 한다. 이는 '생체(bio)'와 '모방(mimetics)'이란 단어의 합성어이다. 그 어원에서 알 수 있듯이 생체모방공학은 자연에 대한 체계적이고 조직적인 모방이다. 칼과 화살촉 같은 사냥 도구가 육식 동물의 날카로운 발톱을 모방해 만든 것이라고 한다면 생체모방의 역사는 인류의 탄생과 함께 시작되었다고 해도 과언이 아니다. 이렇듯 인간의 모방은 인류 문명의 발전에 기여해 왔고, 이는 앞으로도 계속될 것이다. 그러므로 우리는 일상생활 속에서 '철조망이 장미의 가시를 모방한 것은 아닐까?', '(ⓐ   )' 하는 의문을 가져 보기도 하고, 또 이를 통해 다른 생명체를 모방할 수 있는 방법을 생각해 보기도 하는 태도를 기를 필요가 있다.

내용 일치 | 난이도 상 **중** 하

197 윗글을 통해 알 수 있는 것으로 적절하지 않은 것은?

① 스티키봇의 핵심 기술
② 생체모방공학의 개념
③ 도마뱀의 발바닥을 모방한 로봇
④ 육식 동물과 초식 동물의 차이
⑤ 생체모방공학 단어의 어원

빈칸 추론 | 난이도 상 **중** 하

198 윗글의 ⓐ에 들어갈 수 있는 질문으로 가장 적절한 것은?

① 사다리는 의자의 다리를 모방한 것은 아닐까?
② 믹서기는 옛날 맷돌이 돌아가는 원리와 모습을 모방한 것은 아닐까?
③ 배의 모터는 자동차의 튼튼한 엔진을 모방한 것은 아닐까?
④ 아파트의 거실은 한옥의 넓은 마루를 모방한 것은 아닐까?
⑤ 갑옷은 갑각류의 딱딱한 외피를 모방한 것은 아닐까?

(가) 문화란 말은 그 의미가 매우 다양해서 정확하게 개념을 규정한다는 것이 거의 불가능하다. 즉, 우리가 이 개념을 정확하게 규정하려는 노력을 하면 할수록 우리는 더 큰 어려움에 봉착한다. 무엇보다도 한편에서는 인간의 정신적 활동에 의해 창조된 최고의 가치를 ㉠ 문화라고 정의하고 있는 데 반하여, 다른 한편에서는 자연에 대한 인간의 기술적·물질적 적응까지를 ㉡ 문화라는 개념에 포함시키고 있다. 즉, 후자는 문명이라는 개념으로 이해하는 부분까지도 문화라는 개념 속에 수용함으로써 문화와 문명을 구분하지 않고 있다. 전자는 독일적인 문화 개념의 전통에 따른 것이고, 후자는 영미 계통의 문화 개념에 따른 문화에 대한 이해이다. 여기에서 우리는 문화라는 개념이 주관적으로 채색되기가 쉽다는 것을 인식하게 된다. 19세기 중엽까지만 해도 우리 조상들은 서양인들을 양이(洋夷)라고 해서 야만시했다. 마찬가지로, 우리는 한 민족이 다른 민족의 문화적 업적을 열등시하며, 이것을 야만인의 우스꽝스러운 관습으로 무시해 버리는 것을 역사를 통해 잘 알고 있다.

(나) 문화란 말은 일반적으로 두 가지로 사용된다. 한편으로 우리는 '교양 있는' 사람을 문화인이라고 한다. 즉, 창조적 정신의 소산인 문학 작품, 예술 작품, 철학과 종교를 이해하고 사회의 관습을 품위 있게 지켜 나가는 사람을 교양인 또는 문화인이라고 한다. 그런가 하면 다른 한편으로 '문화'라는 말은 한 국민의 '보다 훌륭한' 업적과 그 유산을 지칭한다. 특히 철학, 과학, 예술에 있어서의 업적이 높이 평가된다. 그러나 우리는 여기에서 이미 문화에 대한 우리의 관점이 달라질 수 있는 소지를 발견한다. 즉, 어떤 민족이 이룩한 업적을 '훌륭한 것'으로서 또는 '창조적인 것'으로서 평가할 때, 그 시점은 어느 때이며, 기준은 무엇인가? 왜냐하면, 우리는 오늘날 선진국들에 의해 문화적으로 열등하다고 평가받는 많은 나라들이 한때는 이들 선진국보다 월등한 문화 수준을 향유했다는 것을 역사적 사실을 통해 잘 알고 있기 때문이다. 또한 ㉢ 비록 창조적인 업적이라고 할지라도 만약 그것이 부정적인 내용을 가졌다면, 그래도 우리는 그것을 '창조적'인 의미에서의 문화라고 할 수 있을까? 조직적 재능은 문화적 재능보다 덜 창조적인가? 기지가 풍부한 정치가는 독창력이 없는 과학자보다 덜 창조적이란 말인가? 볼테르 같은 사람의 문화적 업적을 그의 저서가 끼친 실천적 영향으로부터 분리할 수 있단 말인가? 인간이 이룩한 상이한 업적 영역, 즉 철학, 음악, 시, 과학, 정치 이론, 조형 미술 등에 대해서 문화적 서열이 적용된다는 것인가?

내용 일치 　난이도　상 중 하

199 윗글의 내용과 일치하지 않는 것은?

① 문화라는 말은 다양한 의미로 사용된다.
② 문화의 개념은 정확하게 규정하기 어렵다.
③ 문화에 대한 관점은 시대에 따라 다를 수 있다.
④ 문화는 일반적으로 창조적 정신의 소산으로 여겨진다.
⑤ 문화는 일정하게 평가할 수 있는 기준이 존재한다.

200 윗글 (가)에서 밑줄 친 ㉠ : ㉡의 관계를 바르게 도식화한 것은?

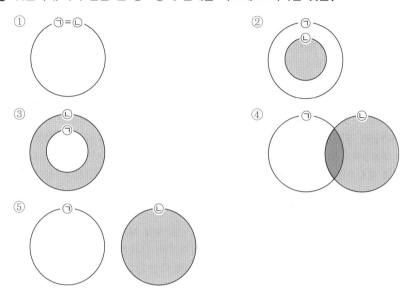

201 윗글의 (나)를 통해 글쓴이가 비판하고 있는 주제의식으로 적절한 것은?

① 전통 문화의 보존은 가능한가?
② 문화의 개념 정의는 가능한가?
③ 민족과 문화는 불가분의 관계에 있는가?
④ 물질문명도 문화에 포함시킬 수 있는가?
⑤ 문화의 우열(優劣)을 나누는 것이 가능한가?

202 윗글의 (나)에서 밑줄 친 ㉢의 예로 적절한 것은?

① 상업주의적 퇴폐 문화의 횡행
② 체제 비판적 저항 세력의 대두
③ 환경 파괴적 유흥 시설의 증가
④ 인명 살상용 원자 폭탄의 개발
⑤ 현실 도피적 사이비 종교의 기승

[203~205] 다음 글을 읽고 물음에 답하시오.

시장이 새롭게 형성되는 초반에는 생산자나 소비자가 많지 않고 그 존재 여부도 잘 알려지지 않아 경쟁자가 거의 없기 마련이다. 이러한 시장을 경제학에서는 평화로운 푸른 바다를 의미하는 '블루 오션(blue ocean)'이라고 한다. 예를 들어 어느 한 기업이 즉석 밥을 최초로 판매하면 즉석 밥의 편리함에 반한 소비자들이 몰리면서 큰 시장을 형성하게 되고 이 기업은 독점적으로 많은 이익을 얻게 된다. 이렇게 다른 경쟁자가 거의 없는 시장이 바로 블루 오션이다. 블루 오션에서는 시장의 수요가 경쟁이 아니라 창조에 의해 형성된다. 그리고 시장의 규모가 정해져 있지 않아 높은 수익을 얻을 수 있고 빠르게 성장할 수 있는 기회도 있다. 그러나 블루 오션은 시간이 흐르면서 더 이상 블루 오션이 아닐 수 있다. 이익을 얻고자 하는 새로운 기업들이 해당 시장에 뛰어들면 경쟁이 발생하기 때문이다. 앞서 언급한 즉석 밥의 경우, 다른 기업들도 새로운 즉석 밥을 시장에 내놓으면서 경쟁 업체들은 소비자의 선택을 받기 위해 치열한 경쟁을 하게 된다. 이러한 시장 상황을 바다의 포식자들이 먹이를 낚아채기 위해 서로 경쟁하는 상황에 비유하여 '레드 오션(red ocean)'이라고 한다. 즉 레드 오션은 (㉠   )
레드 오션의 치열한 경쟁 속에서 기업들은 새로운 전략을 고민하기도 한다. 레드 오션이 된 시장에서 ㉡ 눈이 높은 소비자들의 요구를 파악하고 여기에 새로운 아이디어나 기술 등을 적용해 새로운 시장을 형성한다. 이를 '퍼플 오션(purple ocean)'이라고 한다. 퍼플 오션을 찾기 위한 대표적인 전략은 이미 인기를 얻은 소재를 다른 장르에 적용하여 그 파급 효과를 노리는 것이다. 가령 특정 만화가 인기를 끌면 이것을 드라마나 영화로 만들고 캐릭터 상품을 개발한다. 이런 전략은 실패할 위험이 적고 제작 비용과 시간을 줄일 수 있다는 장점이 있다.
지금까지 언급한 블루 오션, 레드 오션, 퍼플 오션은 상황에 따라 언제든지 바뀔 수 있다. 블루 오션이나 퍼플 오션이 경쟁이 심한 레드 오션으로 변화하기도 한다. 그리고 레드 오션에서 새로운 퍼플 오션이 형성되기도 하며 새로운 블루 오션이 갑자기 나타날 수도 있다. 소비자의 관심이 집중된 곳에는 언제나 새로운 생산자들이 유입되지만, 소비자의 욕구는 ㉢ 항상 변화하기 때문이다.

빈칸 추론 난이도 **상** 중 하

203 윗글의 흐름을 고려할 때 ㉠에 들어갈 내용으로 가장 적절한 것은?

① 기존에 없던 제품을 만들어 새로운 시장을 개척한 상태를 말한다.

② 경쟁에 밀린 업체들이 시장에서 빠져나가 경쟁이 사라진 상태를 말한다.

③ 경쟁 업체들이 고객을 확보하기 위해 치열한 경쟁을 벌이는 상태를 말한다.

④ 기존에 인기 있던 제품에 새로운 아이디어를 적용하여 새 시장을 형성한 상태를 말한다.

⑤ 시장의 규모가 알려지지 않거나 본격적인 시장 형태가 갖추어지지 않은 상태를 말한다.

204 윗글의 ⓛ에 쓰인 표현 방식에 대한 설명으로 가장 적절한 것은?

① 반어적 표현이 나타나 있다.

② 관용 표현이 사용되고 있다.

③ 여러 대상들이 나열되고 있다.

④ 유사한 표현이 반복되고 있다.

⑤ 질문과 대답으로 구성되어 있다.

205 〈자료〉는 윗글의 ⓒ이 품사로서 갖는 특징이다. 밑줄 친 단어 중 ⓒ과 품사가 같은 것은?

┌─ • 자 료 • ─────────────────────────────┐
│ • 형태가 변하지 않는다.   │
│ • 주로 용언을 꾸며 주는 역할을 한다.   │
└────────────────────────────────────┘

① 새 가방이 예쁘다.

② 따뜻한 바람이 분다.

③ 아이들이 놀고 있다.

④ 형이 모자를 쓰고 달린다.

⑤ 그는 오자마자 바로 떠났다.

전개 방식 | 난이도 **상** 중 하

206 다음 글에서 (가)와 (나) 두 문단의 관계를 가장 바르게 설명한 것은?

> (가) 종교와 과학이 양립 불가능하다는 견해를 견지하고 있는 사람들에 따르면, 종교와 과학은 자연을 움직이는 '힘'에 대해 서로 화해할 수 없는 상반된 체계 및 가정으로 설명하고 있다고 한다. 과학의 기본적 가정은 자연의 모든 사건이 일정한 법칙에 따라서 발생한다는 것이며, 만일 설명할 수 없는 사건이 있다면 과학자는 그 원인을 인간 지식의 불완전함으로 돌리고 새로운 자연적 요인을 찾는다. 그러나 많은 종교는 단순히 신 또는 초자연적 세력이 존재한다는 주장을 넘어서 그들이 자연적 사건과 인간 사건에 개입할 수 있다는 믿음을 가지고 있다고 한다. 이러한 종교적 입장, 즉 신 또는 초자연적 세력이 자연적 사건의 원인으로서 개입할 수 있다는 입장은 순전히 믿음에 기반을 두는 것이며, 과학적으로는 도저히 입증할 수 없다고 한다.
>
> (나) 아인슈타인은 종교와 과학의 충돌이 필연적인 것이 아니라고 보았다. 오히려 양자는 깊은 상호관계를 맺고 있으며 나아가 상호 의존적이기까지 하다고 보았다. 그는 역사적으로 일어났던 종교와 과학의 충돌은, 그들이 상호 모순적이라기보다는 과거의 종교가와 과학자들이 자기 영역의 한계를 정확히 파악하지 못하고, 그 한계를 이탈하였기 때문에 발생한 것이라고 보았다. 아인슈타인에 의하면, 과학은 현재 있는 그대로의 실재(reality)를 '파악'하는 일에만 관심을 두고 그 실재가 앞으로 어떠어떠해야 한다는 당위에 관해서는 전혀 관심을 갖지 않으며, 반면에 종교는 인간이 어떻게 살고 행동해야 한다는 가치 판단에만 관계하는 것으로서 과학과는 그 영역이 다르기 때문에 그 둘은 서로 충돌해서는 안 된다고 한다.

① (가)는 (나)의 주장에 대한 전제에 해당한다.

② (가)와 (나)는 인과적 관계로 구성되어 있다.

③ (나)는 (가)의 내용을 구체적으로 진술하고 있다.

④ (나)는 (가)를 다른 각도에서 부연 설명하고 있다.

⑤ (가)와 (나)는 내용은 대조적이나 구성상 병렬적이다.

207 다음 글에서 추론할 수 있는 것은?

> 인문지리학자들에 따르면 '중심지'는 배후지에 재화와 서비스를 제공하는 곳을 말하며, '배후지'는 중심지로부터 재화와 서비스를 제공받는 곳을 말한다. 중심지의 예는 식당, 슈퍼마켓 혹은 백화점, 동네 병원 혹은 대학 병원이다. 그리고 '최소 요구치'는 중심지 기능이 유지되기 위한 최소한의 수요를 말한다. 가령 어떤 중국집이 하루에 자장면 50그릇을 팔아야 본전이 유지된다면 최소 요구치는 50그릇이다. 그리고 이 50그릇에 대한 수요 인구가 분포하는 범위를 '최소 요구치 범위'라고 부른다. 또 '재화 도달 범위'는 중심지 기능이 미치는 최대의 공간 범위를 말한다. 위의 중국집의 경우 재화 도달 범위는 배달권으로 해석 가능하다.

① 인구가 줄면 중심지 수가 배후지 수를 능가할 것이다.
② 인구 밀도가 증가하면 최소 요구치 범위는 확대될 것이다.
③ 수요자들의 소득 향상은 최소 요구치 범위를 확대시킬 것이다.
④ 중심지가 성립하기 위해서는 최소 요구치 범위가 재화 도달 범위 안에 있어야 한다.
⑤ 중심지 기능이 유지되기 위한 최소 요구치의 범위 기준은 업종별로 고정적이다.

208 다음 (가)에 들어갈 말로 알맞은 것은?

> 만약 어떤 사람에게 다가온 신비적 경험이 그가 살아갈 수 있는 힘으로 밝혀진다면, 그가 다른 방식으로 살아야 한다고 다수인 우리가 주장할 근거는 어디에도 없다. 사실상 신비적 경험은 우리의 모든 노력을 조롱할 뿐 아니라, 논리라는 관점에서 볼 때 우리의 관할 구역을 절대적으로 벗어나 있다. 우리 자신의 더 합리적인 신념은 신비주의자가 자신의 신념을 위해서 제시하는 증거와 그 본성에 있어서 유사한 증거에 기초해 있다. 우리의 감각이 우리의 신념에 강력한 증거가 되는 것과 마찬가지로, 신비적 경험도 그것을 겪은 사람의 신념에 강력한 증거가 된다. 우리가 지닌 합리적 신념의 증거와 유사한 증거에 해당되는 경험은, 그러한 경험을 한 사람에게 살아갈 힘을 제공해 줄 것이다. 신비적 경험은 신비주의자들에게는 살아갈 힘이 되는 것이다. 따라서 ☐☐☐(가)☐☐☐

① 모든 합리적 신념의 증거는 사실상 신비적 경험에서 나오는 것이다.
② 신비주의자들의 삶의 방식이 수정되어야 할 불합리한 것이라고 주장할 수는 없다.
③ 논리적 사고와 신비주의적 사고를 상반된 개념으로 보는 견해는 수정되어야 한다.
④ 신비주의자들은 그렇지 않은 사람들보다 더 나은 삶을 살아간다고 할 수 있다.
⑤ 경험적 증거는 신비주의자들에게 중요하지 않다.

209 다음 문장을 논리적 순서에 따라 적절하게 배열한 것은?

> (가) 점차 우리의 생활에서 집단이 차지하는 비중이 커지고, 사회가 조직화되어 가는 현대 사회에서는 개인의 윤리 못지않게 집단의 윤리, 즉 사회 윤리의 중요성도 커지고 있다.
> (나) 따라서 우리는 현대 사회의 특성에 맞는 사회 윤리의 정립을 통해 올바른 사회를 지향하는 노력을 계속해야 할 것이다.
> (다) 그러나 이러한 사회 윤리가 단순히 개개인의 도덕성이나 윤리 의식의 강화에 의해서만 이루어지는 것은 아니다.
> (라) 물론 그것은 인격을 지니고 있는 개인과는 달리 전체의 이익을 합리적으로 추구하는 사회의 본질적 특성에서 연유하는 것이기도 하다.
> (마) 그것은 개개인이 도덕적이라는 것과 그들로 이루어진 사회가 도덕적이라는 것은 별개의 문제이기 때문이다.

① (가) – (다) – (마) – (라) – (나)
② (가) – (다) – (나) – (라) – (마)
③ (가) – (나) – (마) – (라) – (다)
④ (가) – (나) – (다) – (라) – (마)
⑤ (가) – (나) – (라) – (다) – (마)

210 다음 글의 빈칸에 들어갈 내용으로 가장 적절한 것은?

> 발전은 항상 변화를 내포하고 있다. 그러나 모든 형태의 변화가 전부 발전에 해당하는 것은 아니다. 이를테면 교통신호등이 빨강에서 파랑으로, 파랑에서 빨강으로 바뀌는 변화를 발전으로 생각할 수는 없다. 즉, (   ) 좀 더 구체적으로 말해, 사태의 진전 과정에서 나중에 나타나는 것은 적어도 그 이전 단계에 내재적으로나마 존재했던 것의 전개에 해당한다는 것이다. 이렇게 볼 때, 발전은 선적(線的)인 특성이 있다. 순전한 반복의 과정으로 보이는 것을 발전이라고 규정하지 않는 이유는 그 때문이다. 반복과정에서는 최후에 명백히 나타나는 것이 처음에 존재했던 것과 거의 다르지 않다. 그러나 또 한편으로 우리는 비록 반복의 경우라도 때때로 그 과정 중의 특정 단계를 따로 떼 그것을 발견이라고 생각하기도 한다. 즉, 전체 과정에서 어떤 종류의 질이 그 시기에 특정의 수준까지 진전된 경우이다.

① 변화는 특정한 방향으로 발전하는 것을 의미한다.
② 발전은 불특정 방향으로 일어나는 변모라는 의미이다.
③ 발전은 어떤 특정한 반복으로 일어나는 변화라는 의미로 사용된다.
④ 변화는 어떤 특정한 방향으로 일어나는 발전이라는 의미로 사용된다.
⑤ 발전은 어떤 특정한 방향으로 일어나는 변화라는 의미를 내포하고 있다.

211 다음 글의 서술상의 특징으로 적절한 것은?

> 법조문도 언어로 이루어진 것이기에, 원칙적으로 문구가 지닌 보편적인 의미에 맞춰 해석된다. 일상의 사례로 생각해 보자. "실내에 구두를 신고 들어가지 마시오."라는 팻말이 있는 집에서는 손님들이 당연히 글자 그대로 구두를 신고 실내에 들어가지 않는다. 그런데 팻말에 명시되지 않은 '실외'에서 구두를 신고 돌아다니는 것은 어떨까? 이에 대해서는 금지의 문구로 제한하지 않았기 때문에, 금지의 효력을 부여하지 않겠다는 의미로 당연하게 받아들인다. 이처럼 문구에서 명시하지 않은 상황에 대해서는 그 효력을 부여하지 않는다고 해석하는 방식을 '반대 해석'이라 한다.
>
> 그런데 팻말에는 운동화나 슬리퍼에 대해서는 쓰여 있지 않다. 하지만 누군가 운동화를 신고 마루로 올라가려 하면, 집주인은 팻말을 가리키며 말릴 것이다. 이 경우에 '구두'라는 낱말은 본래 가진 뜻을 넘어 일반적인 신발이라는 의미로 확대된다. 이런 식으로 어떤 표현을 본래의 의미보다 넓혀 이해하는 것을 '확장 해석'이라 한다.

① 현실의 문제점을 분석하고 그 해결책을 제시한다.
② 비유의 방식을 통해 상대방의 논리를 반박하고 있다.
③ 일상의 소재를 통해 독자들의 이해를 돕고 있다.
④ 기존 견해를 비판하고 새로운 견해를 제시한다.
⑤ 하나의 현상에 대한 여러 가지 관점을 대조하며 비판한다.

212 빈칸에 들어갈 문장으로 가장 적절한 것은?

> 19세기 중반 화학자 분젠은 불꽃 반응에서 나타나는 물질 고유의 불꽃색에 대한 연구를 진행하고 있었다. 그는 버너 불꽃의 색을 제거한 개선된 버너를 고안함으로써 물질의 불꽃색을 더 잘 구별할 수 있도록 하였다. (   ) 이에 물리학자 키르히호프는 프리즘을 통한 분석을 제안했고 둘은 협력하여 불꽃의 색을 분리시키는 분광 분석법을 창안했다. 이것은 과학사에 길이 남을 업적으로 이어졌다.

① 이를 통해 이전에 잘못 알려져 있었던 물질 고유의 불꽃색을 정확히 판별할 수 있었다.
② 하지만 두 종류 이상의 금속이 섞인 물질의 불꽃은 색깔이 겹쳐서 분간이 어려웠다.
③ 그러나 불꽃색은 물질의 성분뿐만 아니라 대기의 상태에 따라 큰 차이를 보였다.
④ 이 버너는 현재에도 실험실에서 널리 이용되고 있다.
⑤ 그렇지만 육안으로는 불꽃색의 미세한 차이를 구분하기 어려웠다.

213 다음 글의 내용과 일치하지 않는 것은?

'갑'이라는 사람이 있다고 하자. 이때 사회가 갑에게 강제적 힘을 행사하는 것이 정당화되는 근거는 무엇일까? 그것은 갑이 다른 사람에게 미치는 해악을 방지하려는 데에 있다. 특정 행위가 갑에게 도움이 될 것이라든가, 이 행위가 갑을 더욱 행복하게 할 것이라든가 또는 이 행위가 현명하다든가 혹은 옳은 것이라든가 하는 이유를 들면서 갑에게 이 행위를 강제하는 것은 정당하지 않다. 이는 갑에게 권고하거나 이치를 이해시키거나 무엇인가를 간청하는 데에는 충분한 이유가 된다. 그러나 갑에게 강제를 가하는 이유 혹은 어떤 처벌을 가할 이유는 되지 않는다. 이와 같은 사회적 간섭이 정당화되기 위해서는 갑이 행하려는 행위가 다른 어떤 이에게 해악을 끼칠 것이라는 점이 충분히 예측되어야 한다. 한 사람이 행하고자 하는 행위 중에서 그가 사회에 대해서 책임을 져야 할 유일한 부분은 다른 사람에게 관계되는 부분이다.

① 타인과 관계되는 행위는 사회적 책임이 따른다.
② 개인에 대한 사회의 간섭은 어떤 조건이 필요하다.
③ 행위 수행 혹은 행위 금지의 도덕적 이유와 법적 이유는 구분된다.
④ 한 사람의 행위는 타인에 대한 행위와 자신에 대한 행위로 구분된다.
⑤ 사회는 개인의 해악에 관해서는 관심이 있지만, 그 해악을 방지할 강제성의 근거는 가지고 있지 않다.

214 다음 글을 통해 추론할 수 있는 내용으로 적절하지 않은 것은?

맬서스는 『인구론』에서 인구는 기하급수적으로 증가하지만 식량은 산술급수적으로 증가한다고 주장했다. 먹지 않고 살 수 있는 인간은 없는 만큼, 이것이 사실이라면 어떤 방법으로든 인구 증가는 억제될 수밖에 없다. 그 어떤 방법에 포함되는 가장 유력한 항목이 바로 기근, 전쟁, 전염병이다. 식량이 부족해지면 사람들이 굶어 죽거나, 병들어 죽게 된다는 것이다. 이런 불행을 막으려면 인구 증가를 미리 억제해야 한다. 따라서 맬서스의 이론은 사회적 불평등을 해소하려는 모든 형태의 이상주의 사상과 사회운동에 대한 유죄 선고 판결문이었다. 맬서스가 보기에 인간의 평등과 생존권을 옹호하는 모든 사상과 이론은 '자연법칙에 위배되는 유해한' 것이었다. 사회적 불평등과 불공정을 비판하는 이론은 존재하지 않는 자연법적 권리를 존재한다고 착각하는 데에서 비롯된 망상의 산물일 뿐이었다. 그러나 맬서스의 주장은 빗나간 화살이었다. 맬서스의 주장 이후 유럽 산업국 노동자의 임금은 자꾸 올라가 최저 생존 수준을 현저히 넘어섰지만 인구가 기하급수적으로 증가하지는 않았다. 그리고 '하루 벌어 하루 먹고사는 하류계급'은 성욕을 억제하지 못해서 임신과 출산을 조절할 수 없다고 했지만, 그가 그 이론을 전개한 시점에서 유럽 산업국의 출산율은 이미 감소하고 있었다.

① 맬서스에게 인구 증가는 국가 부흥의 증거이다.

② 맬서스는 인구 증가를 막기 위해 적극적인 억제 방식을 주장한다.

③ 맬서스는 사회구조를 가치 있는 상류계급과 가치 없는 하류계급으로 나눴을 것이다.

④ 대중을 빈곤에서 구해내는 방법을 찾는 데 열중했던 당대 진보 지식인과 사회주의자들 사이에서 맬서스는 몬스터로 통했을 것이다.

⑤ 맬서스의 주장은 비록 빗나가긴 했지만, 인구구조의 변화에 동반되는 사회현상을 관찰하고 그 원리를 논증했다는 점은 학문적으로 평가받을 부분이 있다.

215 다음 글의 내용과 일치하지 않는 것은?

현대 우주론의 출발점은 1917년 아인슈타인이 발표한 정적 우주론이다. 아인슈타인은 우주는 팽창하지도 수축하지도 않는다고 주장했다. 그런데 위 이론의 토대가 된 아인슈타인의 일반상대성이론을 면밀히 살핀 러시아의 수학자 프리드만과 벨기에의 신부 르메트르의 생각은 아인슈타인과 달랐다. 프리드만은 1922년 "우주는 극도의 고밀도 상태에서 시작돼 점차 팽창하면서 밀도가 낮아졌다."라는 주장을, 르메트르는 1927년 "우주가 원시 원자들의 폭발로 시작됐다."라는 주장을 각각 논문으로 발표했다. 그러나 아인슈타인은 그들의 논문을 무시해 버렸다.

① 프리드만의 이론과 르메트르의 이론은 양립할 수 없는 관계이다.
② 정적 우주론은 일반상대성이론의 연장선상에 있는 이론이다.
③ 아인슈타인의 정적 우주론에 대한 반론이 제기되었다.
④ 아인슈타인의 이론과 프리드만의 이론은 양립할 수 없는 관계이다.
⑤ 아이슈타인은 프리드만과 르메트르의 주장을 받아들이지 않았다.

PART

04

자료해석

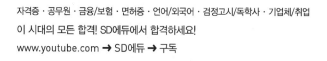

01 자료해석 필승 대표유형

| 01 | 응용수리

- 응용수리의 대표적인 유형으로는 농도, 거리·속력·시간, 확률, 경우의 수, 나이, 금액 등이 있으며, 높은 난도가 아니므로 공식 암기를 통해 충분히 접근할 수 있다.
- 최근 응용수리가 단독 출제되는 비율은 낮아지고 있지만, 표 해석, 그래프 해석 문제와 섞여 출제되고 있으므로 여전히 중요한 유형이다.

대표유형

한 개에 x원인 물건 3개를 10% 할인하여 5,400원에 샀다. 이 물건 1개의 가격은 얼마인가?

① 1,800원   ② 2,000원

③ 2,200원   ④ 2,400원

정답분석

물건 1개의 가격이 x원이므로

$3x \times (1-0.1) = 5,400$

$\rightarrow x = \dfrac{5,400}{3 \times 0.9}$

$\therefore$ 물건 1개의 가격 : $\dfrac{5,400}{2.7} = 2,000$원

정답 ②

| 02 | 표 해석

- 주어진 표에 관한 문제를 해결하는 유형이다. 따라서 데이터를 얼마나 정확하고 빠르게 파악하느냐가 표 해석 유형의 가장 중요한 부분이다.
- 최근 그래프 문제와 혼합하여 출제되는 경향을 보이면서 난도가 점차 높아지는 추세이다.

대표유형

다음은 2015년부터 2021년까지 A국의 교직원 임용 현황에 관한 자료인데, 일부가 삭제되었다. (가), (나)에 들어갈 수를 순서대로 짝 지은 것은?(단, (나)는 소수점 이하 둘째 자리에서 반올림한다)

〈A국의 교직원 임용 현황〉

(단위 : 천 명)

구 분	2015년	2016년	2017년	2018년	2019년	2020년	2021년
충원 수	136	146	166	196	136	149	157
내부임용 수	75	79	(가)	86	64	82	86
외부임용 수	61	67	72	110	72	67	71
외부임용률(%)	44.9	45.9	43.4	56.1	52.9	(나)	45.2

※ 외부임용률 $= \dfrac{\text{외부임용 수}}{\text{충원 수}} \times 100$

① 94, 45.0

② 94, 55.0

③ 84, 45.0

④ 84, 55.0

정답분석

- 충원 수는 내부임용 수+외부임용 수이므로

  166＝(가)＋72

  ∴ (가)＝94

- 외부임용률은 $\dfrac{\text{외부임용 수}}{\text{충원 수}} \times 100$이므로

  ∴ (나)＝$\dfrac{67}{149} \times 100 ≒ 45.0$(∵ 소수점 이하 둘째 자리에서 반올림)

정답 ①

| 03 | 그래프 해석

- 주어진 그래프에 관한 문제를 해결하는 유형이다. 따라서 그래프가 나타내는 수치들의 의미를 얼마나 정확하고 빠르게 파악하느냐가 그래프 해석 유형의 가장 중요한 부분이다.
- 최근 표 문제와 혼합하여 출제되는 경향을 보이면서 난도가 점차 높아지는 추세이다. 심지어 문제뿐만 아니라 보기까지 그래프로 구성된 문제들이 출제되고 있어 문제 풀이에 많은 시간이 투입된다.

대표유형

다음 성별에 따른 사망 원인의 순위를 나타낸 그래프의 해석 중 옳지 않은 것은?

① 남녀 모두 암이 가장 높은 순위의 사망 원인이다.
② 암으로 사망할 확률은 남성이 여성보다 높다.
③ 뇌혈관 질환으로 사망할 확률은 남성이 여성보다 높다.
④ 간 질환으로 사망할 확률은 여성보다 남성이 더 높다.

정답분석
뇌혈관 질환으로 사망할 확률은 남성이 10만 명당 54.7명, 여성이 10만 명당 58.3명으로 남성이 여성보다 낮다.

정답 ③

거리/속력/시간   난이도 상 중 **하**

216 둘레가 6km인 공원을 나래는 자전거를 타고, 진혁이는 걷기로 했다. 같은 지점에서 동시에 출발하여 같은 방향으로 돌면 1시간 30분 후에 다시 만나고, 서로 반대 방향으로 돌면 1시간 후에 만난다. 나래의 속력은?

① 4.5km/h   ② 5km/h

③ 5.5km/h   ④ 6km/h

나이   난이도 상 중 **하**

217 현재 아버지의 나이는 35세, 아들은 10세이다. 아버지 나이가 아들 나이의 2배가 되는 것은 몇 년 후인가?

① 5년 후   ② 10년 후

③ 15년 후   ④ 20년 후

최소공배수   난이도 상 **중** 하

218 L 호텔은 고객들을 위해 무료로 이벤트를 하고 있다. 매일 분수쇼와 퍼레이드를 보여주고 있으며, 시간은 오전 10시부터 시작한다. 분수쇼는 10분 동안 한 다음 35분 쉬고, 퍼레이드는 20분 동안 공연한 다음 40분의 휴식을 한다. 고객들의 오후 12시부터 오후 6시까지 분수쇼와 퍼레이드의 시작을 함께 볼 수 있는 횟수는 모두 몇 번인가?

① 2번   ② 3번

③ 4번   ④ 5번

219 3일 안에 끝내야 할 일의 $\frac{1}{3}$을 첫째 날에 마치고, 남은 일의 $\frac{2}{5}$를 둘째 날에 마쳤다. 셋째 날 해야 할 일의 양은 전체의 몇 %인가?

① 40%

② 35%

③ 30%

④ 20%

220 100L짜리 물통에 물을 받기 위해 큰 호스로 물을 부었더니 30분 만에 물통이 가득 찼다. 이 물통에 물을 좀 더 빨리 받기 위해서 큰 호스와 1시간에 50L의 물이 나오는 작은 호스로 동시에 물을 채웠다. 이때 물통에 물이 가득 차는 데 시간이 얼마나 걸리겠는가?

① 16분

② 20분

③ 24분

④ 30분

221 다음은 A대학교 학생들의 등교 소요 시간을 나타낸 표이다. (나)에 들어갈 값으로 알맞은 것은?

시간(분)	상대도수	누적도수(명)
0 이상 ~ 20 미만	0.15	24
20 ~ 40	(가)	(나)
40 ~ 60	0.25	
60 ~ 80	0.20	
80 ~ 100	0.10	
합 계	1	

① 48

② 64

③ 70

④ 72

222 7시와 8시 사이에 시침과 분침이 서로 반대 방향으로 일직선을 이룰 때의 시각은?

① 7시 $\dfrac{15}{11}$ 분

② 7시 $\dfrac{30}{11}$ 분

③ 7시 $\dfrac{45}{11}$ 분

④ 7시 $\dfrac{60}{11}$ 분

223 일정한 규칙으로 수를 나열할 때, 빈칸에 들어갈 수로 알맞은 것은?

1	2	4	6	16	18	64	54	256	162	( )

① 68

② 256

③ 324

④ 1024

224 용산에서 출발하여 춘천에 도착하는 ITX 청춘열차가 있다. 이 열차가 용산에서 청량리로 가는 길에는 240m 길이의 다리가, 가평에서 춘천으로 가는 길에는 840m 길이의 터널이 있다. 열차가 다리와 터널을 완전히 통과하는 데 각각 16초, 40초가 걸렸다. 이때 열차의 길이는 몇 m인가?(단, 열차의 속력은 일정하다)

① 140m

② 150m

③ 160m

④ 170m

225 20%의 소금물 300g과 15%의 소금물 200g을 섞은 용액으로 10%의 소금물을 만들려면 물을 몇 g 더 넣어야 하는가?

① 200g

② 250g

③ 300g

④ 400g

226 한 소대 병사들이 야전 훈련을 하는데 한 막사에 4명씩 들어가면 3명이 남고, 5명씩 들어가면 빈 막사 1개와 2명의 병사가 남는다. 이때 한 막사에 9명씩 들어가면 남는 막사는 몇 개인가?

① 1개

② 2개

③ 3개

④ 4개

227 연수는 어떤 물건을 100개 구입하여 구입 가격에 25%를 더한 가격으로 50개를 팔았다. 남은 물건 50개를 기존 판매가에서 일정 비율 할인하여 판매했더니 본전이 되었다. 이때 할인율은?

① 32.5%

② 35%

③ 37.5%

④ 40%

228 동수와 세찬이는 건담 프라모델을 만들려고 한다. 동수가 혼자 만들면 8일, 세찬이가 혼자 만들면 9일 만에 만들 수 있다. 동수가 혼자 하루 동안 프라모델을 만들고 그 다음 둘이 함께 며칠간 만들었다. 이후 세찬이가 혼자 하루 동안 만들었더니 건담이 완성되었다. 동수와 세찬이는 함께 며칠간 프라모델을 만들었는가?

① $\dfrac{31}{17}$ 일

② $\dfrac{43}{17}$ 일

③ $\dfrac{55}{17}$ 일

④ $\dfrac{61}{17}$ 일

229 귤 상자 2개에 각각 귤이 들어 있다. 한 상자당 귤이 안 익었을 때의 확률은 10%, 썩었을 때의 확률은 15%이고 나머지는 잘 익은 귤이라고 한다. 두 사람이 각각 다른 상자에서 귤을 꺼낼 때 한 사람은 잘 익은 귤을 꺼내고 다른 한 사람은 썩거나 안 익은 귤을 꺼낼 확률은?

① 31.5%

② 33.5%

③ 35.5%

④ 37.5%

230 A, B, C, D, E 5명을 전방을 향해 일렬로 세울 때, B와 E 사이에 1명 또는 2명이 있도록 하는 경우의 수는?

① 30가지

② 60가지

③ 90가지

④ 120가지

231 국내 석유화학 업체의 제품별 생산량을 표로 만들어 분석하려고 한다. 자료를 해석한 결과로 옳지 않은 것은?

〈국내 석유화학 업체의 제품별 생산량〉

(단위 : 개)

품 목	A업체	B업체	C업체	D업체	E업체
C2	5,825	4,336	1,000	3,538	0
C3	3,095	1,465	820	970	0
C4	400	610	0	240	1,092
C6	3,567	2,709	200	680	478
기 타	115	1,559	0	900	898

① C4 품목의 전체 생산량에 대한 A업체와 D업체의 비중 차이는 10% 미만이다.

② C6 품목의 생산량이 500개 이상인 업체는 세 곳이다.

③ C2 품목에 대한 생산 집중도가 가장 높은 곳은 D업체이다.

④ 총 생산 규모가 가장 큰 곳은 B업체이다.

232 다음은 같은 과 두 학생의 대화 내용이다. 빈칸에 들어갈 가장 작은 수는?

현희 : 우리 친구들끼리 강연가지 말고 콘서트 보러 갈까?

민정 : 그래, 정말 좋은 생각이다. 콘서트 관람료가 얼마야?

현희 : 개인관람권은 50,000원이고, 15명 이상 단체는 15%를 할인해 준대!

민정 : 15명 미만이 간다면 개인관람권을 사야겠네?

현희 : 아니야, 잠깐만! 계산을 해 보면…….

아하! □□□명 이상이면 단체관람권을 사는 것이 유리해!

① 12

② 13

③ 14

④ 15

233 전문하사 복무를 마치고 전역한 서씨는 배달전문 보쌈집을 차리려고 한다. 다음은 서씨네 보쌈집 보쌈 1set 주문 시 구매방식별 할인혜택과 비용을 나타낸 표이다. 이를 근거로 정가가 12,500원인 보쌈 1set를 가장 싸게 살 수 있는 구매방식은?

구매방식	할인혜택과 비용
① 배달주문 앱	정가의 20% 할인
② 전화주문	정가에서 500원 할인 후, 할인된 가격의 10% 추가 할인
③ 회원카드와 쿠폰	회원카드로 정가의 10% 할인 후, 할인된 가격의 15%를 쿠폰으로 추가 할인
④ Take out	정가의 30% 할인. 교통비용 1,300원 발생

234 모서리를 따라 P에서 Q까지 최단거리로 이동하는 방법의 수는 모두 몇 가지인가?

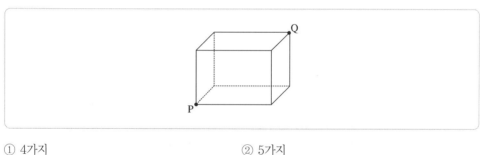

① 4가지　　　　　　　　　　② 5가지
③ 6가지　　　　　　　　　　④ 8가지

235 A, B는 모두 두 자리 자연수이다. 두 수의 일의 자리 숫자는 같고, 십의 자리 숫자는 A가 B보다 1만큼 작을 때, A+B의 최댓값은?

① 182　　　　　　　　　　② 184
③ 186　　　　　　　　　　④ 188

236 다음과 같이 지하층이 없고 건물마다 각 층의 바닥 면적이 동일한 건물들이 완공되었다. 이 중 층수가 가장 낮은 건물은?

건 물	건폐율(%)	대지면적(m²)	연면적(m²)	건축비(만 원/m²)
①	50	300	600	800
②	60	300	1,080	750
③	70	300	1,260	700
④	60	200	720	700

※ 건폐율 $= \dfrac{\text{건축면적}}{\text{대지면적}} \times 100$

※ 건축면적 : 건물 1층의 바닥 면적

※ 연면적 : 건물의 각 층 바닥 면적의 총합

237 B대리는 금연 치료 프로그램 참가자의 문의전화를 받았다. 참가자는 금연 치료 의약품과 금연 보조제를 처방받아서 복용하고 있는데 1월 한 달 동안 본인이 부담하는 의약품비가 얼마인지 궁금하다는 내용이었다. B대리는 참가자가 1월 4일부터 시작하여 의약품으로는 바레니클린을 복용하며, 금연 보조제로는 패치를 사용하고 있다는 사실을 확인하였다. 참가자의 1월 한 달 기준 의약품에 대한 본인 부담금으로 올바른 가격은?

구 분	금연 치료 의약품		금연 보조제		
	부프로피온	바레니클린	패 치	껌	정 제
용 법	1일 2정	1일 2정	1일 1장	1일 4 ~ 12정	1일 4 ~ 12정
시장가격	680원/정	1,767원/정	1,353원/장	375원/정	417원/정
공단 지원액	500원/정	1,000원/정	1,500원/일		

※ 의료급여수급권자 및 최저생계비 150% 이하인 자는 상한액 이내 지원

※ 1월 투여기간 : 4일 ~ 31일

① 40,068원 ② 41,080원
③ 42,952원 ④ 43,085원

238 다음은 시 · 군 지역의 성별 비경제활동 인구에 대해 조사한 자료이다. (가), (나)에 알맞은 수를 옳게게 나열한 것은?(단, 소수점 이하 둘째 자리에서 반올림한다)

〈성별 비경제활동 인구〉

(단위 : 천 명, %)

구 분	인 구			비 중	
	총 계	남 자	여 자	남 자	여 자
시 지역	7,800	2,574	5,226	(가)	67
군 지역	1,149	385	764	33.5	(나)

	(가)	(나)		(가)	(나)
①	30	65	②	31	65.5
③	32	66	④	33	66.5

239 다음은 산림병해충 방제 현황에 대한 자료이다. 이에 대한 설명으로 옳은 것은?

〈산림병해충 방제 현황〉

구 분	2016년	2017년	2018년	2019년	2020년
합 계	117	135	129	116	130

① 기타병해충에 대한 방제는 매해 두 번째로 큰 비율을 차지한다.

② 매해 솔잎혹파리가 차지하는 방제 비율은 10% 미만이다.

③ 단일 항목 중 조사 기간 내 변동폭이 가장 큰 방제는 소나무재선충병에 대한 방제이다.

④ 기타병해충과 소나무재선충병에 대한 방제는 서로 동일한 증감 추이를 보인다.

240 다섯 가지 커피에 대한 소비자 선호도 조사를 정리한 자료이다. 조사는 541명의 동일한 소비자를 대상으로 1차와 2차 구매를 통해 이루어졌다. 〈보기〉에서 자료에 대한 설명으로 옳은 것을 모두 고른 것은?

〈커피에 대한 소비자 선호도 조사〉

(단위 : 명)

1차 구매	2차 구매					총 계
	A	B	C	D	E	
A	93	17	44	7	10	171
B	9	46	11	0	9	75
C	17	11	155	9	12	204
D	6	4	9	15	2	36
E	10	4	12	2	27	55
총 계	135	82	231	33	60	541

•보 기•

㉠ 대부분의 소비자들이 취향에 맞는 커피를 꾸준히 선택하고 있다.

㉡ 1차에서 A를 구매한 소비자가 2차 구매에서 C를 구입하는 경우가 그 반대의 경우보다 더 적다.

㉢ 전체적으로 C를 구입하는 소비자가 제일 많다.

① ㉠
② ㉡, ㉢
③ ㉢
④ ㉠, ㉢

241 다음은 OECD 주요 국가별 삶의 만족도 및 관련 지표를 나타낸 자료이다. 이에 대한 설명으로 옳지 않은 것은?

〈OECD 주요 국가별 삶의 만족도 및 관련 지표〉

구 분 국 가	삶의 만족도 (점)	장시간 근로자 비율 (%)	여가·개인 돌봄시간 (시간)
덴마크	7.6	2.1	16.1
아이슬란드	7.5	13.7	14.6
호 주	7.4	14.2	14.4
멕시코	7.4	28.8	13.9
미 국	7.0	11.4	14.3
영 국	6.9	12.3	14.8
프랑스	6.7	8.7	15.3
이탈리아	6.0	5.4	15.0
일 본	6.0	22.6	14.9
한 국	6.0	28.1	14.9
에스토니아	5.4	3.6	15.1
포르투갈	5.2	9.3	15.0
헝가리	4.9	2.7	15.0

※ 장시간 근로자 비율은 전체 근로자 중 주 50시간 이상 근무한 근로자의 비율임

① 삶의 만족도가 가장 높은 국가는 장시간 근로자 비율이 가장 낮다.

② 한국의 장시간 근로자 비율은 삶의 만족도가 가장 낮은 국가의 장시간 근로자 비율의 10배 이상이다.

③ 삶의 만족도가 한국보다 낮은 국가들의 장시간 근로자 비율 산술평균은 이탈리아의 장시간 근로자 비율보다 높다.

④ 여가·개인 돌봄시간이 가장 긴 국가와 가장 짧은 국가의 삶의 만족도 차이는 0.3점 이하이다.

242 다음은 A 대학교 학생 2,500명을 대상으로 진행한 인터넷 쇼핑 이용 현황에 대한 자료이다. 이에 대한 설명으로 옳지 않은 것은?(단, 매년 조사 인원수는 동일하다)

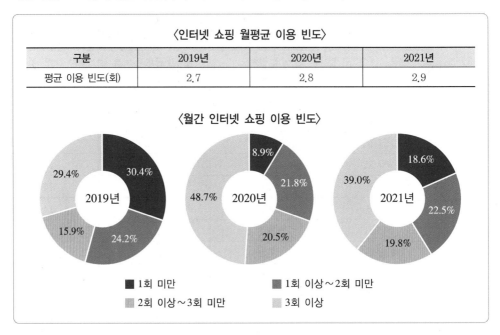

〈인터넷 쇼핑 월평균 이용 빈도〉

구분	2019년	2020년	2021년
평균 이용 빈도(회)	2.7	2.8	2.9

〈월간 인터넷 쇼핑 이용 빈도〉

■ 1회 미만　　■ 1회 이상~2회 미만
2회 이상~3회 미만　　3회 이상

① 인터넷 쇼핑 월평균 이용 빈도는 지속적으로 증가했다.

② 2020년 월간 인터넷 쇼핑을 3회 이상 이용했다고 응답한 사람은 1,210명 이상이다.

③ 3년간의 인터넷 쇼핑 이용 빈도수를 누적했을 때, 두 번째로 많이 응답한 인터넷 쇼핑 이용 빈도수는 1회 미만이다.

④ 2021년 월간 인터넷 쇼핑을 2회 이상 3회 미만 이용했다고 응답한 사람은 2020년 1회 미만으로 이용했다고 응답한 사람보다 2배 이상 많다.

243 다음은 풋살구장의 1인당 1시간 이용료 및 샤워시설 유무에 대한 호감도 조사 결과에 대한 표이다.
표를 참고하여 이용객 호감도를 구할 때, 나올 수 있는 모든 경우의 수 중 이용객 호감도가 세
번째로 큰 조합은?

〈1인당 1시간 이용료 호감도 조사 결과〉

1인당 1시간 이용료	호감도
7,500원	4.0점
9,000원	3.0점
12,000원	0.5점

〈샤워시설 유무 호감도 조사 결과〉

샤워시설 유무	호감도
유	3.3점
무	1.7점

※ 이용객 호감도＝1인당 1시간 이용료 호감도＋샤워시설 유무 호감도

	입장료	사우나 유무
①	7,500원	무
②	9,000원	무
③	9,000원	유
④	12,000원	유

244 다음은 2018 ~ 2020년 10월까지 전국 월별 이동자 추이를 나타낸 그래프이다. 이에 대한 〈보기〉
의 설명 중 옳은 것을 모두 고른 것은?

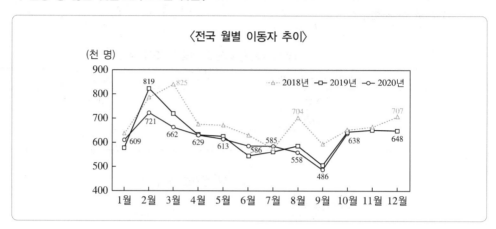

〈전국 월별 이동자 추이〉

────── 보 기 ──────

㉠ 2018 ~ 2020년 모두 2월에 가장 많은 인구가 이동을 했다.
㉡ 2020년에 인구 이동이 가장 적었던 시기는 9월이다.
㉢ 2019년에 인구 이동이 가장 적었던 시기는 7월이다.
㉣ 2018년에 이동자 수가 700,000명을 넘었던 시기는 2월, 3월, 8월, 12월이다.

① ㉠, ㉡   ② ㉡, ㉣
③ ㉢, ㉣   ④ ㉠, ㉣

245 다음은 2020년 A학과와 B학과의 면접성공률에 대한 표이다. 이에 대한 〈보기〉의 설명 중 옳지 않은 것을 모두 고른 것은?

〈A학과와 B학과의 취업 현황〉

(단위 : 회)

구 분 \ 학 과	A학과	B학과
서류합격 횟수	110	50
최종합격 횟수	44	15

※ 면접성공률 = $\dfrac{\text{최종합격 횟수}}{\text{서류합격 횟수}} \times 100$

• 보 기 •

㉠ A학과의 면접성공률은 40%이고 A학과와 B학과를 합한 전체 면접성공률은 35% 이하이다.
㉡ 2021년 B학과에서 서류합격 횟수가 10회이고 최종합격 횟수가 6회라면, 해당연도 B학과의 면접성공률은 2020년 면접성공률의 2배이다.
㉢ 서류합격 횟수와 최종합격 횟수는 A학과가 B학과에 비해 각각 2배, 3배 이상이다.

① ㉠
② ㉢
③ ㉠, ㉡
④ ㉠, ㉢

246 다음 빈칸에 들어갈 수로 알맞은 것은?(단, 재범률은 소수점 이하 둘째 자리에서 반올림, 나머지는 소수점 이하 첫째 자리에서 반올림한다)

〈재범률〉

구 분	2015년	2016년	2017년	2018년	2019년
재범률(%)	①	22.2	22.2	22.1	25.0
4년 전 출소자 수(명)	24,151	25,802	25,725	④	23,045
4년 전 출소자 중 3년 이내 재복역자 수(명)	5,396	②	③	5,547	4,936

※ [재범률(3년 이내 재복역률)]=(4년 전 출소자 중 3년 이내 재복역자 수)÷(4년 전 출소자 수)×100

① 22.3
② 6,213
③ 4,516
④ 26,100

247 다음은 어느 부대에서 2020년에 실시한 유격장별 유격훈련 건수에 대한 자료이다. 〈보기〉를 참고할 때, 2020년 하반기 B유격장에서 실시한 유격훈련 건수는?

〈2020년 유격장별 유격훈련 건수〉

(단위 : 건)

유격장	유격훈련 건수
A유격장	120
B유격장	60

※ 2020년 실시된 유격훈련은 A유격장 또는 B유격장에서만 실시됨

━● 보 기 ●━
• 2020년 유격훈련의 30%는 상반기에, 70%는 하반기에 실시되었다.
• 2020년 A유격장에서 실시된 유격훈련의 40%는 상반기에, 60%는 하반기에 실시되었다.

① 38건   ② 40건
③ 48건   ④ 54건

248 다음은 여성경제활동인구 및 참가율에 대한 자료이다. 이에 대한 설명으로 옳지 않은 것은?

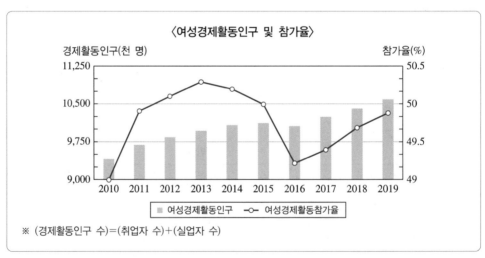

① 2017년 이후 여성경제활동인구가 약 1천만 명을 넘어섰다.
② 2017년 이후 여성취업자의 수가 증가하였다.
③ 지난 10년간 여성경제활동참가율은 약 50% 수준에서 정체된 상황을 보였다.
④ 여성경제활동참가율이 전년보다 가장 많이 감소한 해의 여성경제활동인구는 전년보다 감소하였다.

249 다음은 관측망별 연평균 자외선(자외선 복사량)에 대한 표이다. 이에 대한 설명 중 옳은 것은?

〈관측망별 연평균 자외선(자외선 복사량)〉

(단위 : mW/cm²)

구 분	2015년	2016년	2017년	2018년	2019년	2020년
A지역	123.6	117.5	115.1	115.0	111.1	122.6
B지역	100.3	102.3	114.7	107.9	93.4	96.6
C지역	106.9	133.8	134.8	129.0	114.1	108.6
D지역	122.5	121.9	127.6	124.8	108.7	126.6
E지역	108.3	145.1	140.1	124.9	124.7	122.5

① 5개 지역 모두 2017년에 자외선 복사량 수치가 가장 높게 관측되었다.

② 2019년 연평균 자외선 복사량이 가장 높은 지역은 E지역으로 이 지역의 6년간 평균 자외선 복사량은 127.6mW/cm²이다.

③ 자외선 복사량이 가장 낮게 관측된 곳은 2019년 B지역이고, 가장 높게 관측된 곳은 2017년 E지역이다.

④ 2017년 연평균 자외선 복사량이 가장 낮았던 지역은 B지역으로 이 지역의 6년간 평균 자외선 복사량은 100mW/cm² 미만이다.

250 다음은 헌병대대, 정보통신대대, 시설대대 등 세 대대로 구성된 A여단 소속대대별, 신분별 인원분포에 대한 표이다. A여단의 일반 병사 수는 200명, 간부 수는 300명일 때 이에 대한 〈보기〉의 설명 중 옳은 것을 모두 고른 것은?

〈A여단 소속대대별, 신분별 인원분포〉

(단위 : %)

신 분 \ 소속대대	헌병대대	정보통신대대	시설대대	합
일반 병사	15	55	30	100
간 부	42	30	28	100

● 보 기 ●

㉠ 헌병대대 일반 병사 수는 정보통신대대 간부 수의 절반이다.
㉡ 시설대대 인원보다 헌병대대 인원이 더 많다.
㉢ 시설대대는 간부 수보다 일반 병사 수가 더 많다.
㉣ 정보통신대대 일반 병사 수의 절반이 시설대대로 소속변경 되더라도, 시설대대 인원수는 A여단 전체 인원수의 40% 이하이다.

① ㉠, ㉡
② ㉠, ㉢
③ ㉡, ㉢
④ ㉡, ㉣

251 다음은 자동차 산업 동향에 대한 자료이다. 이에 대한 설명으로 옳지 않은 것은?

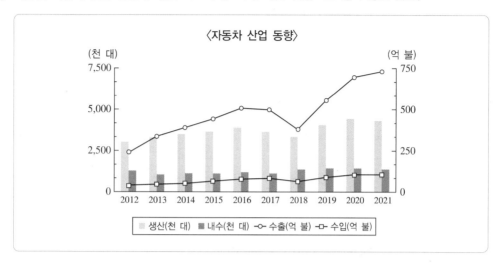

① 최대 수출실적을 기록한 2021년에는 국내 생산과 내수 판매가 2020년에 비해 상승하였다.
② 생산량이 가장 많았던 해는 2020년이다.
③ 2021년 수출금액은 2012년에 비해 약 2배 정도 상승하였다.
④ 국내 수입차 시장 규모는 대체로 증가하고 있다.

252 다음 자료는 어느 금요일과 토요일 A씨 부부의 전체 양육활동 유형 9가지에 대한 참여시간을 조사한 자료이다. 이에 대한 설명으로 옳지 않은 것은?

<금요일과 토요일의 양육활동 유형별 참여시간>

(단위 : 분)

유형		위생	식사	가사	정서	취침	배설	외출	의료간호	교육
금요일	아내	48	199	110	128	55	18	70	11	24
	남편	4	4	2	25	3	1	5	1	1
토요일	아내	48	234	108	161	60	21	101	10	20
	남편	8	14	9	73	6	2	24	1	3

① 토요일에 남편의 참여시간이 가장 많았던 유형은 정서활동이다.
② 아내의 총 양육활동 참여시간은 금요일에 비해 토요일에 감소하였다.
③ 남편의 양육활동 참여시간은 금요일에는 총 46분이었고, 토요일에는 총 140분이었다.
④ 아내의 양육활동 유형 중 금요일에 비해 토요일에 참여시간이 가장 많이 감소한 것은 교육활동이다.

253 다음은 20대 5명이 일주일에 각각의 SNS를 이용한 시간을 측정한 결과표이다. 이에 대한 〈보기〉의 설명 중 옳은 것을 모두 고른 것은?

〈SNS별 이용시간〉

(단위 : 시간)

SNS \ 환자	백호	태섭	태웅	대협	덕규	평균
A	5.0	4.0	6.0	5.0	5.0	5.0
B	4.0	4.0	5.0	5.0	6.0	4.8
C	6.0	5.0	4.0	7.0	( )	5.6
D	6.0	4.0	5.0	5.0	6.0	( )

● 보 기 ●

㉠ 평균 이용시간이 긴 SNS부터 순서대로 나열하면 C, D, A, B 순이다.
㉡ '태섭'과 '덕규'의 SNS 이용시간 차이는 C가 B보다 크다.
㉢ B와 D의 이용시간 차이가 가장 큰 환자는 '백호'이다.
㉣ C의 평균 이용시간보다 C의 이용시간이 긴 사람은 2명이다.

① ㉠, ㉡   ② ㉠, ㉢

③ ㉡, ㉣   ④ ㉠, ㉡, ㉢

254 다음은 A국의 공공연구기관 기술이전 추세에 대한 자료이다. 이에 대한 내용으로 옳지 않은 것은?

〈A국의 공공연구기관 기술이전 추세〉

구 분		2015년	2016년	2017년	2018년	2019년	2020년
공공 연구소	기술이전(건)	951	1,358	2,407	1,919	2,004	2,683
	기술료(백만 원)	61,853	74,027	89,342	102,320	74,017	91,836
	건당 기술료(백만 원)	65.0	54.5	37.1	53.3	36.9	34.2
대 학	기술이전(건)	629	715	1,070	1,293	1,646	1,576
	기술료(백만 원)	6,877	8,003	15,071	26,466	27,650	32,687
	건당 기술료(백만 원)	10.9	11.2	14.1	20.5	18.9	20.7
전 체	기술이전(건)	1,580	2,073	3,477	3,212	3,650	4,259
	기술료(백만 원)	68,730	82,030	104,413	128,786	101,667	124,523
	건당 기술료(백만 원)	43.5	39.6	30.0	40.1	27.9	29.2

① 건당 기술료는 매년 공공연구소가 대학에 비해 높았다.

② 2015 ~ 2020년 사이 공공연구소와 대학의 기술이전 건수는 모두 꾸준히 증가해왔다.

③ 2020년 대학 기술료는 2015년 대학 기술료의 5배 미만이다.

④ 전체 건당 기술료가 가장 높은 해는 2015년이었다.

255 다음은 의무복무병에게 계급별로 매월 지급하는 급여를 매년 집계한 자료이다. 모든 계급이 동일한 인상률을 가진다고 가정할 때, 다음 자료를 통해 알 수 있는 것으로 적절하지 않은 것은?

〈계급별 사병 봉급 추이〉

(단위 : 천 원)

구 분		2016년	2017년	2018년	2019년	2020년	2021년
봉 급	병 장	97.5	103.8	108	129.6	149	171.4
	상 병	88	93.7	97.5	(a)	134.6	154.8
	일 병	79.5	84.7	88.2	105.8	121.7	140
	이 병	73.5	78.3	81.5	97.8	112.5	129.4

① 2019년의 사병 봉급은 전년 대비 20% 증가하였다.

② 전년 대비 봉급 인상률은 2018년이 가장 낮다.

③ 2022년의 인상률을 10%로 가정하면 2022년의 일병 계급 봉급은 2021년의 상병 계급 봉급보다 많아질 것이다.

④ 상병 계급의 2019년 봉급은 117,000원이다.

256 다음은 미국 영화산업의 수익원에 대해 1998년도와 2018년도 두 차례에 걸쳐 조사한 표이다. 이에 대한 설명으로 옳지 않은 것은?

〈미국 영화산업의 수익원〉

구 분	1998년		2018년	
	수익액(백만 달러)	비율(%)	수익액(백만 달러)	비율(%)
미국 내 영화관	1,183	29.6	3,100	15.2
미국 외 영화관	911	22.8	2,900	14.2
소 계	2,904	52.4	6,000	29.4
홈비디오	280	7	7,800	38.2
유료 케이블	240	6	1,600	7.8
네트워크 TV	430	10.8	300	1.5
신디케이션	150	3.8	800	3.9
해외 TV	100	2.5	1,400	6.9
텔레비전용 영화	700	17.5	2,500	12.3
소 계	1,900	47.6	14,400	70.6
합 계	3,994	100	20,400	100

① 20년간 미국 영화산업에서 해외시장은 경제적으로 더욱 중요해졌다.

② 20년간 미국의 경우 홈 비디오를 통한 영화감상이 눈에 띄게 증가했다.

③ 20년간 영화관을 제외한 미디어들은 수익규모가 5배 가까이 증가하였다.

④ 20년간 영화관은 미국 영화산업의 주요한 수익원 중 하나였다.

257 다음은 2010 ~ 2017년 7개 국가 실질 성장률에 대한 표이다. 이에 대한 설명으로 옳은 것은?

〈7개 국가 실질 성장률〉

(단위 : %)

연도 도시	2010년	2011년	2012년	2013년	2014년	2015년	2016년	2017년
A국	9.0	3.4	8.0	1.3	1.0	2.2	4.3	4.4
B국	5.3	7.9	6.7	4.8	0.6	3.0	3.4	4.6
C국	7.4	1.0	4.4	2.6	3.2	0.6	3.9	4.5
D국	6.8	4.9	10.7	2.4	3.8	3.7	6.8	7.4
E국	10.1	3.4	9.5	1.6	1.5	6.5	6.5	3.7
F국	9.1	4.6	8.1	7.4	1.6	2.6	3.4	3.2
G국	8.5	0.5	15.8	2.6	4.3	4.6	1.9	4.6

① 2015년 A국, B국, E국의 실질 성장률은 각각 2014년의 2배 이상이다.

② 2014년과 2015년 실질 성장률이 가장 높은 국가는 동일하다.

③ 2011년 각 국가의 실질 성장률은 2010년에 비해 감소하였다.

④ 2012년 대비 2013년 실질 성장률이 5% 이상 감소한 국가는 모두 3개이다.

258 다음 표는 A회사에서 사내전화 평균 통화시간을 조사한 자료이다. 평균 통화시간이 6 ~ 9분인 여자 수는 12분 이상인 남자 수의 몇 배인가?

〈사내전화 평균 통화시간〉

평균 통화시간	남 자	여 자
3분 이하	33%	26%
3 ~ 6분	25%	21%
6 ~ 9분	18%	18%
9 ~ 12분	14%	16%
12분 이상	10%	19%
대상 인원수	600명	400명

① 1.1배   ② 1.2배

③ 1.3배   ④ 1.4배

259 다음은 국가별·연령대별 스포츠브랜드 선호비율을 나타낸 표이다. 이에 대한 〈보기〉의 설명 중 옳은 것을 모두 고른 것은?

〈국가별·연령대별 스포츠브랜드 선호비율〉

(단위 : %)

국가별	스포츠브랜드	연령대		
		30대 이하	40 ~ 50대	60대
A국	N사	10	25	50
	S사	30	35	40
	P사	60	40	10
B국	N사	10	20	35
	S사	20	30	35
	P사	70	50	30

─● 보 기 ●─

㉠ A국, B국 모두 S사 선호비율은 연령대가 높은 집단일수록 높다.
㉡ 40 ~ 50대에서 스포츠브랜드 선호비율 순위는 A국과 B국이 같다.
㉢ 연령대가 높은 집단일수록 N사 선호비율은 B국보다 A국에서 더 큰 폭으로 증가한다.
㉣ 30대 이하에서는 P사를 선호하는 B국의 수가 A국의 수보다 많다.

① ㉠, ㉢, ㉣
② ㉡, ㉢, ㉣
③ ㉠, ㉡, ㉢
④ ㉠, ㉡, ㉣

260 다음은 보건복지부에서 집계한 전국 의료기관 총 병상 수와 천명 당 병상 수에 대한 자료이다.
자료를 보고 판단한 것 중 옳지 않은 것은?

〈전국 의료기관 총 병상 수와 천 명당 병상 수〉

(단위 : 개)

연도	총 병상 수	인구 천 명당 병상 수			
		전체	종합병원·병원	의원·조산원	치과·한방병원
2014	353,289	7.4	5.2	1.9	0.2
2015	379,751	7.9	5.7	2	0.2
2016	410,581	8.5	6.3	2	0.2
2017	450,119	9.3	7.1	2	0.2
2018	478,645	9.8	7.6	2	0.2
2019	498,302	10.2	8.1	1.9	0.2
2020	523,357	10.7	8.7	1.8	0.2

※ 병원 : 일반병원, 요양병원, 결핵·한센·정신병원 등의 특수병원
※ 의원 : 산업체의 부속 의원 포함
※ (인구 천 명당 병상 수)=(총 병상 수)×1000÷(추계인구)
※ 수치가 클수록 인구 대비 병상 수가 많은 것을 나타냄

① 조사 기간 동안 매년 총 병상 수는 증가하고 있다.

② 2019년 치과·한방병원이 보유하고 있는 병상 수는 10,000개 이하이다.

③ 의원·조산원이 차지하고 있는 천 명당 병상 수의 비중이 전체의 10% 미만인 해도 있다.

④ 2014년에 비해 2020년 치과와 한방병원의 수가 5% 증가했다면 치과와 한방병원의 병상 수 평균
은 5% 이상 증가했을 것이다.

261 다음은 인천광역시 지역별 홈페이지에 게재된 글의 성격을 분석한 결과이다. 그 해석이 바르게 된 것은?

〈지역별 게시글의 성격〉

(단위 : 건, %)

구 분		게시글의 성격										계	
		문 의		청 원		문제지적		정책제안		기 타			
		N	%	N	%	N	%	N	%	N	%	N	%
지 역	시 본청	123	36.1	87	25.5	114	33.4	10	2.9	7	2.1	341	33.1
	중 구	20	37.7	17	32.1	13	24.5	1	1.9	2	3.8	53	5.1
	동 구	14	43.8	9	28.1	7	21.9	–	–	2	6.3	32	3.1
	남 구	22	24.7	25	28.1	32	36.0	7	7.9	3	3.4	89	8.6
	연수구	6	16.7	15	41.7	14	38.9	1	2.8	–	–	36	3.5
	남동구	21	22.8	31	33.7	39	42.4	–	–	1	1.1	92	8.9
	부평구	29	28.7	28	27.7	41	40.6	1	1.0	2	2.0	101	9.8
	계양구	13	15.3	40	47.1	30	35.3	2	2.4	–	–	85	8.2
	서 구	50	32.5	34	22.1	65	42.2	–	–	5	3.2	154	14.9
	강화군	17	44.7	8	21.1	8	21.1	3	7.8	2	5.3	38	3.7
	옹진군	6	60.6	–	–	3	30.0	1	10.0	–	–	10	1.0
계		321	31.1	294	28.5	366	35.5	26	2.5	24	2.3	1,031	100

① 전체 게시글의 빈도는 문의, 문제지적, 청원, 정책제안, 기타의 순서로 많다.

② 전체에서 문의의 비중이 가장 높은 지역은 강화군이다.

③ 시 본청을 제외하고 정책제안이 가장 많은 곳은 남구이다.

④ 시 본청을 제외하고 청원에서 연수구가 차지하는 비중이 가장 높다.

262 다음은 어느 대학의 모집 단위별 지원자 수 및 합격자 수를 나타낸 자료이다. 이에 대한 설명으로 옳지 않은 것은?

〈모집 단위별 지원자 수 및 합격자 수〉

(단위 : 명)

모집 단위	남 성		여 성		계	
	합격자 수	지원자 수	합격자 수	지원자 수	모집 정원	지원자 수
A	512	825	89	108	601	933
B	353	560	17	25	370	585
C	138	417	131	375	269	792
계	1,003	1,802	237	508	1,240	2,310

※ 경쟁률 = $\dfrac{지원자\ 수}{모집\ 정원}$

① 세 개의 모집 단위 중 총 지원자 수가 가장 많은 집단은 A이다.
② 세 개의 모집 단위 중 합격자 수가 가장 적은 집단은 C이다.
③ 이 대학의 남자 합격자 수는 여자 합격자 수의 5배 이상이다.
④ B집단의 경쟁률은 $\dfrac{117}{74}$이다.

263 다음은 2016년부터 2020년까지 제대군인의 지원 현황 추이를 나타낸 그래프이다. 다음 중 그래프를 해석한 것으로 적절하지 않은 것은?

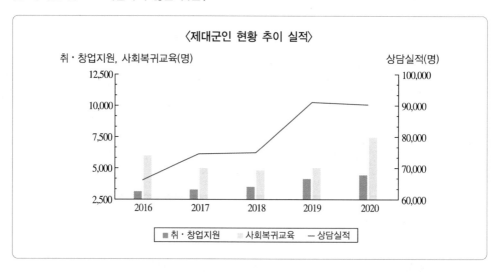

① 사회복귀교육 지원 수는 감소세를 보이다가 2018년을 전환점으로 다시 증가하였다.

② 2018년까지 상담실적은 증가했으나 사회복귀교육 지원 수는 감소하였다.

③ 2017 ~ 2020년 중 사회복귀교육 지원 수가 전년 대비 가장 많이 증가한 해는 2020년이다.

④ 2019년에 상담실적은 가장 많았던 반면 사회복귀교육 지원 수는 가장 적었다.

264 다음은 A시와 B시의 투표 상황 및 정당별 득표 현황에 대한 표이다. 이에 대한 설명으로 옳은 것은?

〈A시, B시의 투표 상황 및 정당별 득표 현황〉

(단위 : 명)

구 분	투표가능인원	투표 상황		투표 결과	
		미투표자	투표자	(가)당	(나)당
A시	19,699	(　)	18,135	(　)	3,773
B시	40,830	(　)	32,049	23,637	(　)

※ 접수된 투표가능인원은 '미투표자'와 '투표자'로만 구분되며, 투표 결과는 '(가)당'과 '(나)당'으로만 구분됨

※ (가)당의 득표 비율(%)$= \dfrac{\text{(가)당 득표수}}{\text{투표인원}} \times 100$

① '(가)당'의 득표 인원는 B시가 A시에 비해 많고, '(가)당'의 득표 비율도 B시가 A시에 비해 높다.
② '미투표자' 수는 B시가 A시의 5배를 넘지 않는다.
③ B시의 '투표가능인원' 대비 '(가)당' 득표 인원의 비율은 50% 미만이다.
④ A시와 B시 각각의 '투표가능인원' 대비 '미투표자'의 비율은 10% 이상 차이가 난다.

265 다음은 치료감호소 수용자 현황에 대한 자료이다. (가) ~ (라)에 해당하는 수를 모두 더한 값은?

〈치료감호소 수용자 현황〉

(단위 : 명)

구 분	약 물	성폭력	심신장애자	합 계
2014년	89	77	520	686
2015년	(가)	76	551	723
2016년	145	(나)	579	824
2017년	137	131	(다)	887
2018년	114	146	688	(라)
2019년	88	174	688	950

① 1,524　　　　　　② 1,639
③ 1,751　　　　　　④ 1,763

266 다음은 2011년부터 2020년까지의 주택전세가격 동향에 대한 자료이다. 이에 대한 해석으로 옳지 않은 것은?

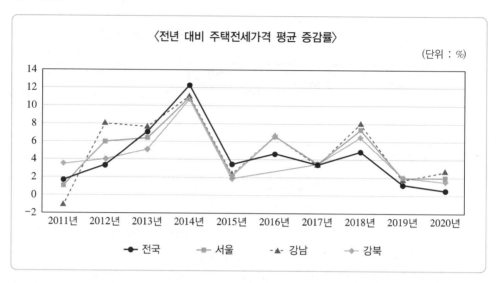

〈전년 대비 주택전세가격 평균 증감률〉
(단위 : %)

◆ 전국 ▪ 서울 ▲ 강남 ◆ 강북

① 전국 주택전세가격은 2011년부터 2020년까지 매년 증가하고 있다.

② 2014년 강북의 주택전세가격은 2012년과 비교해 20% 이상 증가했다.

③ 2017년 이후 서울의 주택전세가격 증가율은 전국 평균 증가율보다 높다.

④ 강남 지역의 전년 대비 주택전세가격 증가율이 가장 높은 시기는 2014년이다.

267 다음은 A국의 2020년도 연령별 인구 현황을 나타낸 그래프이다. 다음 그래프를 볼 때, 각 연령대를 기준으로 남성 인구가 40% 이하인 연령대 ㉠과 여성 인구가 50%를 초과한 연령대 ㉡을 옳게 나열한 것은?

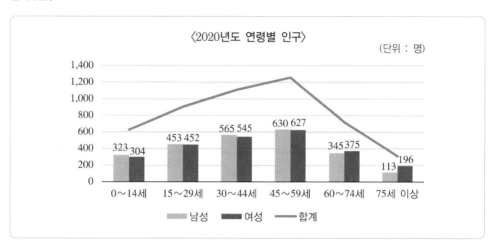

〈2020년도 연령별 인구〉 (단위 : 명)

	㉠	㉡
①	0 ~ 14세	15 ~ 29세
②	75세 이상	15 ~ 29세
③	45 ~ 59세	60 ~ 74세
④	75세 이상	60 ~ 74세

268 다음은 청소년이 고민하는 문제에 대해 조사한 그래프이다. 다음 중 13 ~ 18세 청소년이 가장 많이 고민하는 문제와 19 ~ 24세가 두 번째로 많이 고민하고 있는 문제를 옳게 나열한 것은?

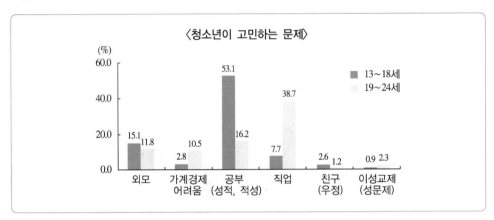

① 공부, 직업

② 공부, 공부

③ 외모, 직업

④ 직업, 공부

269 어떤 고등학생이 13살 동생, 40대 부모님, 65세 할머니와 함께 박물관에 가려고 한다. 주말에 입장할 때와 주중에 입장할 때의 요금 차이는?

〈박물관 입장료〉

구 분	주 말	주 중
어 른	20,000원	18,000원
중 · 고등학생	15,000원	13,000원
어린이	11,000원	10,000원

※ 어린이 : 3살 이상 ~ 13살 이하
※ 경로 : 65세 이상은 어른 입장료의 50% 할인

① 8,000원

② 9,000원

③ 10,000원

④ 11,000원

270 다음은 A국 전체 해외출국자들 중 B국으로 여행 간 여행자 현황을 조사하여 나타낸 표이다. 이에 대한 설명 중 옳지 않은 것은?

〈B국 여행자 현황〉

(단위 : 천 명, %)

구 분	2015년	2016년	2017년	2018년	2019년	2020년
전체 해외출국자	23,433	( )	23,500	23,829	24,244	24,681
B국 여행자	6,049	5,970	( )	5,592	5,594	5,718
비 중	25.8	25.0	24.0	23.5	23.1	23.2

① 2020년 B국 여행자 수는 2015년보다 331,000명 감소하였다.
② 2017년 B국 여행자 수는 564,000명이다.
③ 2018년에는 전년도보다 전체 해외출국자 수가 329,000명 증가하였다.
④ 2016년 전체 해외출국자 수는 23,880,000명이다.

271 다음은 A국의 여성 경제 활동 인구 및 참가율을 나타낸 표이다. 표를 보고 이해한 내용으로 가장 적절하지 않은 것은?

연 도 구 분	2016년	2017년	2018년	2019년	2020년	2021년
15세 이상 여성 인구(천 명)	19,899	20,086	20,273	20,496	20,741	20,976
여성 경제 활동 인구(천 명)	10,001	10,092	10,139	10,076	10,256	10,416
여성 경제 활동 참가율(%)	50.3	50.2	( )	49.2	49.4	49.7

① 15세 이상 여성 인구가 해마다 조금씩 늘고 있다.
② 여성 경제 활동 인구가 해마다 조금씩 늘고 있다.
③ 여성 경제 활동 참가율은 2019년까지 감소했다가 그 이후로 증가하고 있다.
④ 여성들이 어떠한 분야에서 활동하고 있는지 구체적으로 확인할 수 없다.

PART 04 자료해석

272 증권회사에 근무 중인 A는 자사의 HTS 및 MTS 프로그램 인지도를 파악하기 위하여 설문조사 계획을 수립하려고 한다. 장소는 유동인구가 100,000명인 명동에서, 시간은 퇴근시간대인 16:00 ~ 20:00에 실시할 예정이다. 설문조사를 원활하게 진행하기 위해서 사전에 설문지를 준비할 계획 인데, 유동인구 관련 자료를 찾아본 결과 일부 정보가 누락된 유동인구 현황을 확인할 수 있었다. A는 직장인 30 ~ 40대에게 배포하기 위하여 최소 몇 장의 설문지를 준비하여야 하는가?

〈유동인구 현황〉

(단위 : %)

구 분	10대	20대	30대	40대	50대	60대	70대	소 계
08:00 ~ 12:00	1	1	3	4	1	0	1	11
12:00 ~ 16:00	0	2	3	( )	3	1	0	13
16:00 ~ 20:00	( )	3	( )	( )	2	1	1	32
20:00 ~ 24:00	5	6	( )	13	( )	2	0	44
소 계	10	12	30	( )	10	( )	2	100

① 4,000장 ② 11,000장
③ 13,000장 ④ 21,000장

273 다음은 병역자원 현황에 대한 표이다. 총 병력자원 수의 2013 · 2014년 평균과 2019 · 2020년 평균과의 차를 구하면?

〈병역자원 현황〉

(단위 : 만 명)

구 분	2013년	2014년	2015년	2016년	2017년	2018년	2019년	2020년
계	826.9	806.9	783.9	819.2	830.8	826.2	796.3	813.0
징 · 소집 대상	135.3	128.6	126.2	122.7	127.2	130.2	133.2	127.7
보충역 복무자 등	16.0	14.3	11.6	9.5	8.9	8.6	8.6	8.9
병력동원 대상	675.6	664.0	646.1	687.0	694.7	687.4	654.5	676.4

① 11.25만 명 ② 11.75만 명
③ 12.25만 명 ④ 12.75만 명

274 S기업은 창고업체에 아래 세 제품군에 대한 보관비를 지급하려고 한다. A제품군은 매출액의 1%, B제품군은 1CBM당 20,000원, C제품군은 톤당 80,000원을 지급하기로 되어 있다면 전체 지급액은 얼마인가?

구 분	매출액(억 원)	용 량	
		용적(CBM)	무게(톤)
A제품군	300	3,000	200
B제품군	200	2,000	300
C제품군	100	5,000	500

① 3억 2천만 원
② 3억 4천만 원
③ 3억 6천만 원
④ 3억 8천만 원

275 다음은 어느 회사의 연도별 매출액을 나타낸 그래프이다. 전년도에 비해 매출액 증가율이 가장 컸던 해는?

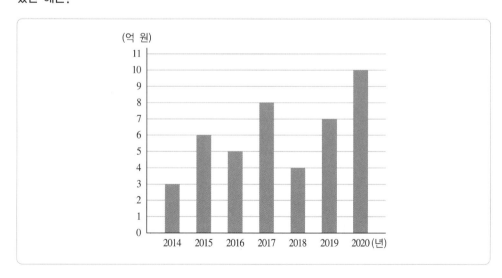

① 2015년
② 2017년
③ 2019년
④ 2020년

PART 04 자료해석

276 다음은 군수품 조달집행추이에 대한 자료이다. 다음 중 자료를 통해 추론할 수 있는 것은?

〈군수품 조달집행추이〉

(단위 : 억 원)

구 분	2015년	2016년	2017년	2018년	2019년	2020년
총 계	36,546	37,712	40,572	41,031	44,484	44,611
중앙조달	31,718	32,954	35,683	34,758	34,954	33,833
– 내 자	21,573	21,925	26,833	25,555	25,679	23,108
– 외 자	10,145	11,029	8,850	9,203	9,275	10,725
*상 업	5,026	4,825	4,750	5,896	6,052	6,728
*FMS	5,119	6,204	4,100	3,307	3,223	3,997
부대조달	2,240	1,801	1,983	2,656	2,116	2,547
조달청조달	2,588	2,957	2,906	3,617	7,414	8,231

※ 총 계 : 국방비 중 경상비로 구매한 군수품 계약 집행액
※ 중앙조달 : 방위사업청에서 각 군 수요물량을 통합 구매한 계약 집행액
※ 부대조달 : 각 군/기관에서 중앙조달 이외의 품목을 자체 구매한 계약 집행액
※ 조달청조달 : 조달청에 의뢰하여 위탁 구매한 계약 집행액

① 방위사업청에서 집행한 금액이 전년보다 증가한 해에는 부대 조달 금액이 감소하였다.

② 매년 조달청 위탁 구매 금액이 가장 적다.

③ 각 군이나 기관에서 자체적으로 구매한 계약 집행액은 2015년에 가장 많았다.

④ 조달청을 통한 위탁 구매가 크게 증가함으로써 계약의 투명성이 확보되었다고 할 수 있다.

277 다음은 연도별 투약일당 약품비에 관한 자료이다. 2018년의 총투약일수가 120일, 2019년의 총투약일수가 150일인 경우, 2019년의 상급종합병원의 총약품비와 2018년의 종합병원의 총약품비의 합은?

〈투약일당 약품비〉

(단위 : 원)

구 분	상급종합병원	종합병원	병 원	의 원
2015년	2,704	2,211	1,828	1,405
2016년	2,551	2,084	1,704	1,336
2017년	2,482	2,048	1,720	1,352
2018년	2,547	2,025	1,693	1,345
2019년	2,686	2,074	1,704	1,362

※ 투약 1일당 평균적으로 소요되는 약품비를 나타내는 지표
※ (투약일당 약품비)＝(총약품비)÷(총투약일수)

① 640,900원　　　　　　　　　② 645,900원
③ 650,900원　　　　　　　　　④ 655,900원

278 다음 표의 내용 일부가 훼손되었다. 다음 중 (가), (나)에 들어갈 수 있는 수치를 옳게 나열한 것은? (단, 인건비와 재료비 이외의 투입요소는 없다)

〈사업평가 자료〉

구 분	목표량	인건비	재료비	산출량	효과성 순위	효율성 순위
A	(가)	200	50	500	3	2
B	1,000	(나)	200	1,500	2	1
C	1,500	1,200	800	3,000	1	3
D	1,000	300	500	800	4	4

※ 효율성＝$\dfrac{산출량}{인건비＋재료비}$, 효과성＝$\dfrac{산출량}{목표량}$

	(가)	(나)			(가)	(나)
①	300	500		②	500	800
③	800	500		④	500	300

279 다음은 2019년과 2020년 침해유형별 개인정보 침해경험을 설문조사한 결과이다. 이에 대한 설명으로 옳은 것은?

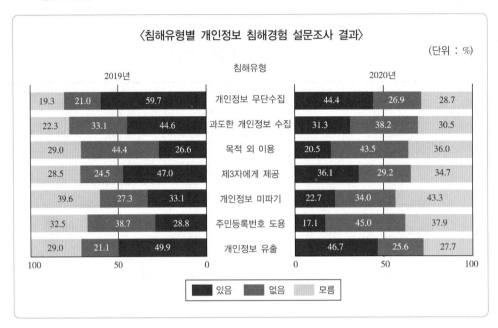

① '있음'으로 응답한 비율이 큰 침해유형부터 순서대로 나열하면 2019년과 2020년의 순서는 동일하다.

② 2020년 '개인정보 무단수집'을 '있음'으로 응답한 비율은 '개인정보 미파기'를 '있음'으로 응답한 비율의 2배 이상이다.

③ 2020년 '모름'으로 응답한 비율은 모든 침해유형에서 전년 대비 증가하였다.

④ 2020년 '있음'으로 응답한 비율의 전년 대비 감소율이 가장 큰 침해유형은 '주민등록번호 도용'이다.

280 다음은 연령별 장래 인구 추계에 대한 자료이다. 이에 대한 설명으로 옳지 않은 것은?

〈연령별 인구〉

(단위 : 천 명, %)

구 분		2000년	2010년	2011년	2020년	2030년	2040년	2050년
인 구	0 ~ 14세	9,911	7,907	7,643	6,118	5,525	4,777	3,763
	15 ~ 64세	33,702	35,611	35,808	35,506	31,299	26,525	22,424
	65세 이상	3,395	5,357	5,537	7,701	11,811	15,041	16,156
구성비	0 ~ 14세	21.1	16.2	15.6	12.4	11.4	10.3	8.9
	15 ~ 64세	71.7	72.9	73.1	72.0	64.4	57.2	53.0
	65세 이상	7.2	11.0	11.3	15.6	24.3	32.5	38.2
	계	100.0	100.0	100.0	100.0	100.0	100.0	100.0

① 저출산으로 인해, 14세 이하의 인구는 점점 감소하고 있다.

② 15 ~ 64세 인구는 2000년 이후 계속 감소하고 있다.

③ 65세 이상 인구의 구성비는 2000년과 비교했을 때, 2050년에는 5배 이상이 될 것이다.

④ 65세 이상 인구의 구성비가 14세 이하 인구의 구성비보다 높아지는 시기는 2020년이다.

281 다음은 병영생활관 개선 사업 실적에 대한 자료이다. 이에 대한 설명으로 옳지 않은 것은?

〈병영생활관 개선 사업 실적〉

(단위 : 억 원, 개)

구 분		2004년	2005년	2006년	2007년	2008년	2009년	2010년	2011년	2012년
육군생활관 (대대)	사업예산	2,525	3,791	4,882	3,703	2,572	3,670	3,990	4,435	4,438
	개선실적	43	56	59	17	24	46	55	51	27
GOP/ 해강안 소초(동)	사업예산	800	719	682	501	660	1,650	–	–	–
	개선실적	98	100	81	75	90	275	–	–	–
해·공군 생활관(동)	사업예산	497	962	1,417	1,017	922	1,537	1,945	2,395	1,936
	개선실적	38	46	69	52	49	108	70	159	85

① 육군생활관(대대)의 사업예산은 2006년까지 증가했다가 2007년과 2008년에 감소하였고 그 이후 계속 증가하는 추세를 보였다.

② 해·공군 생활관(동)의 개선실적이 가장 많았던 해의 사업예산은 육군생활관(대대) 사업예산의 50% 이상이다.

③ 2006 ~ 2009년 중에서 전체 사업예산이 가장 많았던 해는 2006년이다.

④ 2009년 GOP/해강안 소초(동) 사업예산은 2004년에 비해 120% 이상 증가하였다.

282 다음은 한국인이 가장 좋아하는 산 및 등산 횟수에 대한 설문 조사 결과이다. 다음 설명 중 적절하지 않은 것은?

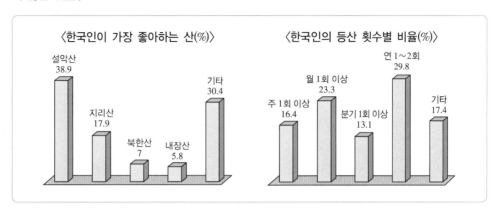

① 한국인이 가장 좋아하는 산은 설악산이다.

② 한국인의 80% 이상은 일 년에 최소 1번 이상 등산을 한다.

③ 설문 조사에서 설악산을 좋아한다고 답한 사람은 지리산, 북한산, 내장산을 좋아한다고 답한 사람의 합보다 더 적다.

④ 한국인이 가장 좋아하는 산 중 선호도가 높은 3개의 산에 대한 비율은 50% 이상이다.

283 다음은 자동차 등록 현황에 대한 자료이다. 〈보기〉 중 옳은 것을 모두 고른 것은?

〈자동차 등록 현황〉

구 분	2011년	2012년	2013년	2014년	2015년	2016년	2017년	2018년	2019년	2020년
등록 대수 (만 대)	1,459	1,493	1,540	1,590	1,643	1,679	1,733	1,794	1,844	1,887
전년 대비 증가 대수 (천 대)	637	347	463	499	533	366	531	616	496	433
전년 대비 증감비(%)	4.6	2.3	( )	3.2	(가)	2.2	3.2	( )	2.8	2.3

─● 보 기 ●─

㉠ 자동차 등록 대수는 지속적으로 증가하고 있다.
㉡ 전년 대비 증가 대수가 가장 많았던 해는 2018년이다.
㉢ (가)에 들어갈 2015년 전년 대비 증감비는 약 4.3%이다.
㉣ 2013년보다 2018년의 전년 대비 증감비가 더 높다.

① ㉠, ㉡   ② ㉠, ㉣
③ ㉡, ㉢   ④ ㉢, ㉣

284 다음은 A∼C지역의 가구 구성비를 나타낸 자료이다. 이에 대한 분석으로 옳은 것은?

〈가구 구성비〉

(단위 : %)

구분	부부 가구	2세대 가구		3세대 이상 가구	기타 가구	합계
		부모+미혼자녀	부모+기혼자녀			
A지역	5	65	16	2	12	100
B지역	16	55	10	6	13	100
C지역	12	40	25	20	3	100

※ 기타 가구 : 1인 가구, 형제 가구, 비친족 가구
※ 핵가족 : 부부 또는 (한)부모와 그들의 미혼자녀로 이루어진 가족
※ 확대가족 : (한)부모와 그들의 기혼자녀로 이루어진 2세대 이상의 가족

① 부부 가구의 구성비는 C지역이 가장 높다.
② A, B, C지역 모두 핵가족 가구 수가 확대가족 가구 수보다 많다.
③ 확대가족 가구 수가 가장 많은 가장 많은 지역은 C이다.
④ 1인 가구의 비중이 가장 높은 지역은 B이다.

285 다음은 2018년도 국가별 국방예산 그래프이다. 그래프를 이해한 내용으로 옳지 않은 것은?(단, 비중은 소수점 이하 둘째 자리에서 반올림한다)

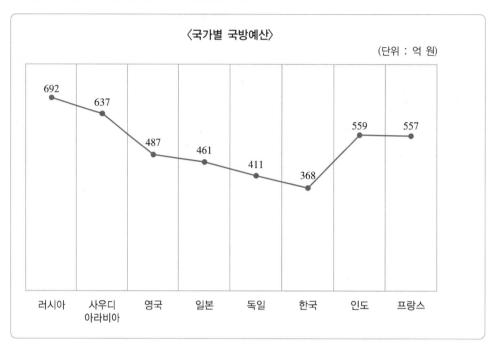

〈국가별 국방예산〉

(단위 : 억 원)

692 러시아
637 사우디아라비아
487 영국
461 일본
411 독일
368 한국
559 인도
557 프랑스

① 국방예산이 가장 많은 국가와 가장 적은 국가의 예산 차이는 324억 원이다.
② 사우디아라비아의 국방예산은 프랑스의 국방예산보다 14% 이상 많다.
③ 영국과 일본의 국방예산 차액은 독일과 일본의 국방예산 차액의 55% 이상이다.
④ 8개 국가 국방예산 총액에서 한국이 차지하는 비중은 약 8.8%이다.

286 다음은 어느 해 개최된 올림픽에 참가한 6개국의 성적이다. 이에 대한 내용으로 옳지 않은 것은?

〈국가별 올림픽 성적〉

(단위 : 명, 개)

국 가	참가선수	금메달	은메달	동메달	메달 합계
A	240	4	28	57	89
B	261	2	35	68	105
C	323	0	41	108	149
D	274	1	37	74	112
E	248	3	32	64	99
F	229	5	19	60	84

① 획득한 금메달 수가 많은 국가일수록 은메달 수는 적었다.

② 참가선수가 가장 적은 국가의 메달 합계는 전체 6위이다.

③ 참가선수의 수가 많은 국가일수록 획득한 동메달 수도 많았다.

④ 획득한 메달의 합계가 큰 국가일수록 참가선수의 수도 많았다.

287 다음은 1인당 우편 이용 물량과 접수 우편 물량에 대한 자료이다. 이에 대한 설명으로 옳은 것은?

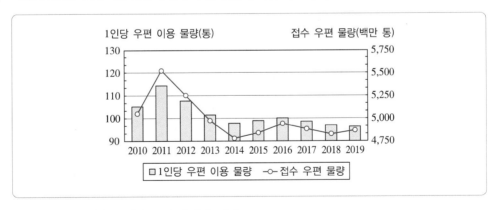

① 1인당 우편 이용 물량은 증가 추세에 있다.

② 1인당 우편 이용 물량은 2011년에 가장 높았고, 2014년에 가장 낮았다.

③ 매년 평균적으로, 1인당 4일에 한 통 이상은 우편물을 보냈다.

④ 1인당 우편 이용 물량과 접수 우편 물량 모두 2016년부터 2019년까지 지속적으로 감소하고 있다.

288 다음은 2007 ~ 2019년 축산물 수입 추이를 나타낸 그래프이다. 다음 중 자료를 해석한 것으로 옳지 않은 것은?

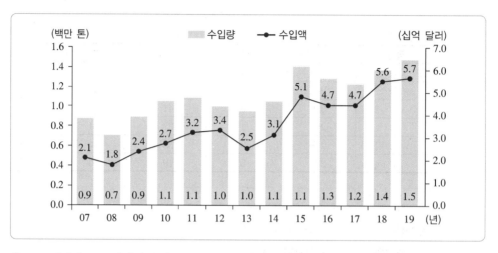

① 2009년부터 2012년까지 축산물 수입액은 전년 대비 증가했다.

② 처음으로 2007년 축산물 수입액의 두 배 이상 수입한 해는 2015년이다.

③ 전년 대비 축산물 수입액의 증가율이 가장 높았던 해는 2015년이다.

④ 축산물 수입량과 수입액의 변화 추세는 동일하다.

[289~290] 다음은 신재생에너지 공급량 현황에 대한 자료이다. 자료를 참고하여 이어지는 질문에 답하시오.

<신재생에너지 공급량 현황>

(단위 : 천 TOE)

구 분	2012년	2013년	2014년	2015년	2016년	2017년	2018년	2019년	2020년
총 공급량	5,608.8	5,858.4	6,086.2	6,856.2	7,582.7	8,850.7	9,879.3	11,537.3	13,286.0
태양열	29.4	28.0	30.7	29.3	27.4	26.3	27.8	28.5	28.0
태양광	15.3	61.1	121.7	166.2	197.2	237.5	344.5	547.4	849.0
바이오	370.2	426.8	580.4	754.6	963.4	1,334.7	1,558.5	2,882.0	2,766.0
폐기물	4,319.3	4,568.6	4,558.1	4,862.3	5,121.5	5,998.5	6,502.4	6,904.7	8,436.0
수 력	780.9	660.1	606.6	792.3	965.4	814.9	892.2	581.2	454.0
풍 력	80.8	93.7	147.4	175.6	185.5	192.7	242.4	241.8	283.0
지 열	11.1	15.7	22.1	33.4	47.8	65.3	87.0	108.5	135.0
수소·연료전지	1.8	4.4	19.2	42.3	63.3	82.5	122.4	199.4	230.0
해 양	–	–	–	0.2	11.2	98.3	102.1	103.8	105.0

289 다음 중 자료에 대한 설명으로 옳지 않은 것은?

① 2015년 수력을 통한 신재생에너지 공급량은 같은 해 바이오와 태양열을 통한 공급량의 합보다 크다.

② 폐기물을 통한 신재생에너지 공급량은 매해 증가하였다.

③ 2015년부터 수소·연료전지를 통한 공급량은 지열을 통한 공급량을 추월하였다.

④ 2016년부터 전년 대비 공급량이 증가한 신재생에너지는 5가지이다.

290 다음 중 전년 대비 2014 ~ 2017년 신재생에너지 총 공급량의 증가율이 가장 큰 해는 언제인가? (단, 증가율은 소수점 이하 둘째 자리에서 반올림한다)

① 2014년   ② 2015년

③ 2016년   ④ 2017년

291 A 회사는 면접시험을 통해 신입사원을 채용했다. 〈조건〉이 다음과 같을 때, 1차 면접시험에 합격한 사람은 몇 명인가?

> ● 조 건 ●
> - 2차 면접시험 응시자는 1차 면접시험 응시자의 60%이다.
> - 1차 면접시험 합격자는 1차 면접시험 응시자의 90%이다.
> - 2차 면접시험 합격자는 2차 면접시험 응시자의 40%이다.
> - 2차 면접시험 불합격자 중 남녀 성비는 7 : 5이다.
> - 2차 면접시험에서 남성 불합격자는 63명이다.

① 240명　　　　　　　　　　② 250명

③ 260명　　　　　　　　　　④ 270명

292 다음은 게임산업의 국가별 수출·수입액 현황에 대한 자료이다. 2020년 전체 수출액 중 가장 높은 비중을 차지하는 지역의 수출액 비중과, 2020년 전체 수입액 중 가장 높은 비중을 차지하는 지역의 수입액 비중의 차는 몇 %인가?(단, 각 비중은 소수점 이하 둘째 자리에서 반올림한다)

〈게임산업 국가별 수출·수입액 현황〉

(단위 : 천 달러)

구 분		A국	B국	C국	D국	E국	기 타	합 계
수출액	2018년	986	6,766	3,694	2,826	6,434	276	20,982
	2019년	1,241	7,015	4,871	3,947	8,054	434	25,562
	2020년	1,492	8,165	5,205	4,208	9,742	542	29,354
수입액	2018년	118	6,388	–	348	105	119	7,078
	2019년	112	6,014	–	350	151	198	6,825
	2020년	111	6,002	–	334	141	127	6,715

① 52.2%　　　　　　　　　　② 53.4%

③ 54.6%　　　　　　　　　　④ 56.2%

293 다음은 주요 국가의 연도별 이산화탄소 배출량을 조사하여 나타낸 자료이다. 이에 대한 설명으로 옳지 않은 것은?

<주요 국가의 연도별 이산화탄소 배출량>

(단위 : 백만 톤)

구 분	2005년	2006년	2007년	2008년	2009년	2010년
한 국	469.1	476.6	490.3	501.7	515.5	562.92
중 국	5,062.4	5,602.9	6,028.4	6,506.8	6,800.7	7,126.0
인 도	1,164.8	1,256.3	1,361.9	1,438.5	1,564.0	1,625.8
이 란	421.6	455.0	488.4	497.7	513.9	509.0
일 본	1,220.7	1,205.0	1,242.3	1,154.3	1,095.7	1,143.1
캐나다	559.4	544.1	568.5	550.5	525.5	536.6
미 국	5,771.7	5,684.9	5,762.7	5,586.8	5,184.8	5,368.6
프랑스	388.4	379.6	373.1	370.2	351.4	357.8
독 일	809.0	820.9	796.3	800.1	747.1	761.6
러시아	1,516.2	1,579.8	1,578.5	1,593.4	1,520.4	1,581.4
영 국	533.0	534.7	522.9	512.8	465.5	483.5

① 2010년 이산화탄소 배출량이 가장 많은 국가는 중국이며, 2010년 중국의 이산화탄소 배출량은 이란의 이산화탄소 배출량의 14배이다.

② 2005년 대비 2010년 한국의 이산화탄소 배출량의 증가율은 10%이다.

③ 영국의 2006년과 2010년 이산화탄소 배출량 차이는 일본의 2006년과 2010년 이산화탄소 배출량 차이보다 작다.

④ 2008년 이산화탄소 배출량이 많았던 5개 국가를 순서대로 나열하면, 중국, 미국, 러시아, 인도, 일본 순이다.

294 다음은 10년간 국내 의사와 간호사 인원 현황에 대한 자료이다. 자료에 대한 〈보기〉의 설명 중 옳은 것을 모두 고른 것은?(단, 비율은 소수점 이하 셋째 자리에서 버림한다)

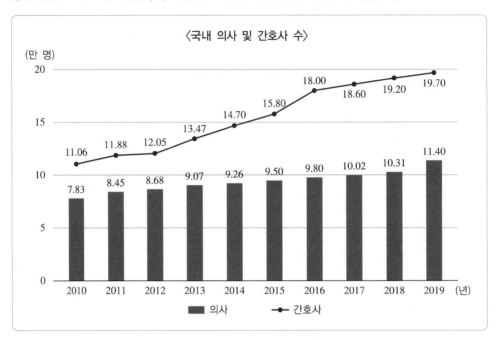

〈국내 의사 및 간호사 수〉

─● 보 기 ●─

ⓐ 2017년 대비 2019년 의사 수의 증가율은 간호사 수의 증가율보다 5%p 이상 높다.
ⓑ 2011 ~ 2019년 동안 전년 대비 의사 수 증가량이 2천 명 이하인 해의 의사와 간호사 수의 차는 5만 명 미만이다.
ⓒ 2010 ~ 2014년 동안 의사 한 명당 간호사 수가 가장 많은 연도는 2014년이다.
ⓓ 2013 ~ 2016년까지 간호사 수의 평균은 15만 명 이상이다.

① ㉠, ㉡
② ㉡, ㉢
③ ㉠, ㉡, ㉣
④ ㉠, ㉢, ㉣

295 다음은 A 프랜차이즈의 지역별 가맹점 수와 결제 실적에 대한 자료이다. 자료에 대한 설명으로 옳지 않은 것은?

〈A 프랜차이즈의 지역별 가맹점 수, 결제 건수 및 결제 금액〉

(단위 : 개, 건, 만 원)

지역	구분	가맹점 수	결제 건수	결제 금액
서울		1,269	142,248	241,442
6대 광역시	부산	34	3,082	7,639
	대구	8	291	2,431
	인천	20	1,317	2,548
	광주	8	306	793
	대전	13	874	1,811
	울산	11	205	635
전체		1,363	148,323	257,299

〈A 프랜차이즈의 가맹점 규모별 결제 건수 및 결제 금액〉

(단위 : 건, 만 원)

가맹점 규모	구분	결제 건수	결제 금액
소규모		143,565	250,390
중규모		3,476	4,426
대규모		1,282	2,483
전체		148,323	257,299

① 서울 지역 소규모 가맹점의 결제 건수는 137,000건 이하이다.
② 6대 광역시 가맹점의 결제 건수 합은 6,000건 이상이다.
③ 결제 건수 대비 결제 금액을 가맹점 규모별로 비교할 때 가장 작은 가맹점 규모는 중규모이다.
④ 전체 가맹점 수에서 서울 지역 가맹점 수 비중은 90% 이상이다.

296 다음은 시도별 · 계층별 노인돌봄서비스 이용자 수에 대한 자료이다. 이에 대한 설명으로 옳지 않은 것은?

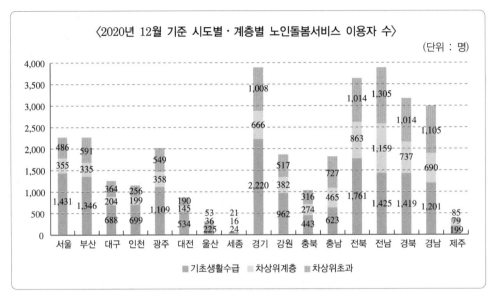

① 노인돌봄서비스 이용자 수의 계층별 순위는 충남을 제외한 모든 지역이 같다.

② 수도권지역(서울, 경기, 인천)의 차상위계층 노인돌봄서비스 이용자 수 중 절반 이상이 경기지역의 이용자 수이다.

③ 호남지역(광주, 전북, 전남)의 경우 전체 노인돌봄서비스 이용자 수에서 기초생활수급자가 차지하는 비율은 약 45%이다.

④ 영남지역(부산, 대구, 울산, 경북, 경남)의 경우 전체 노인돌봄서비스 이용자 수에서 차상위계층과 차상위초과 이용자 수가 차지하는 비중은 50% 미만이다.

297 다음은 S사 직원 1,200명을 대상으로 통근현황을 조사한 자료이다. 도보 또는 버스만 이용하는 직원 중 25%의 통근시간이 30분 초과 45분 이하이다. 통근시간이 30분 초과 45분 이하인 인원에서 도보 또는 버스만 이용하는 직원 외에는 모두 자가용을 이용한다고 할 때, 이 인원이 자가용으로 출근하는 전체 인원에서 차지하는 비중은 얼마인가?(단, 비율은 소수점 이하 첫째 자리에서 반올림한다)

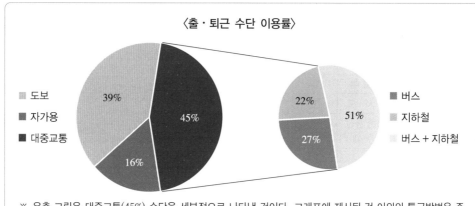

〈출·퇴근 수단 이용률〉

※ 우측 그림은 대중교통(45%) 수단을 세부적으로 나타낸 것이다. 그래프에 제시된 것 이외의 통근방법은 존재하지 않는다.

〈출근 시 통근시간〉

(단위 : 명)

구 분	30분 이하	30분 초과 ~ 45분 이하	45분 초과 ~ 1시간 이하	1시간 초과
인 원	210	260	570	160

① 55% ② 67%

③ 74% ④ 80%

298 다음은 2007년부터 2014년까지 문화재의 국외 전시 반출을 허가한 현황을 정리한 자료이다. 자료를 통해 추론할 수 있는 내용으로 적절한 것은?

〈문화재 국외 전시 반출 허가 현황〉

(단위 : 점, 회)

구 분		2007년	2008년	2009년	2010년	2011년	2012년	2013년	2014년
국외 전시 반출 허가	합 계	924	330	1,414	1,325	749	1,442	1,324	1,124
	지정문화재	22	15	15	14	16	12	46	9
	− 국 보	18	5	2	3	4	3	12	3
	− 보 물	3	10	13	11	12	9	34	6
	− 시·도	1	−	−	−	−	−	−	0
	일반 동산 문화재	902	315	1,399	1,311	733	1,430	1,278	1,115
전시 횟수		18	10	28	24	9	21	20	23

① 2008년부터 2012년까지 문화재의 국외 전시 반출 허가 횟수는 지속해서 증가하였다.

② 일반 동산 문화재의 반출 허가 횟수는 2009년에 가장 많았다.

③ 평균적으로 한 번의 전시당 문화재 반출 허가 횟수가 가장 많은 해는 2011년이다.

④ 국보의 반출 허가 횟수가 가장 많은 해의 지정 문화재는 46점에 대해 반출 허가가 승인되었다.

299 다음은 2018 ~ 2019년 감염병 발생현황에 대한 자료이다. 이에 대한 내용으로 옳지 않은 것은?

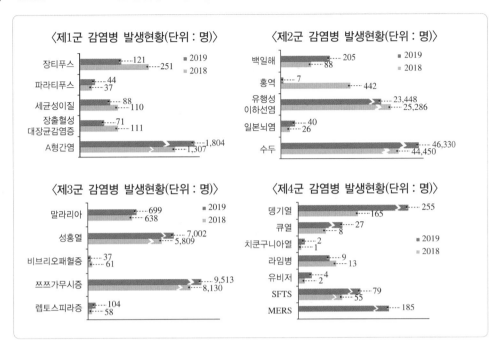

① 제1군 ~ 제4군 감염병 중 제2군 감염병만 2019년 전체 감염병 발생자 수가 전년 대비 감소하였다.

② 2019년 전체 제1군 감염병 발생자 수에서 A형간염 발생자 수가 차지하는 비중은 2018년보다 증가하였다.

③ 2019년 제2군 감염병 중 수두의 전년 대비 발생 증가율이 가장 높다.

④ MERS의 유입으로 인하여 2019년 제4군 감염병의 발생순위는 2018년과 동일하지 않다.

300 다음은 2019년 9개 국가의 실질세 부담률에 대한 자료이다. 〈조건〉에 근거하여 (가) ~ (마)에 해당하는 국가를 옳게 나열한 것은?

〈2019년 국가별 실질세 부담률〉

구 분 / 국 가		독신 가구 실질세 부담률(%)		다자녀 가구 실질세 부담률 (%p)	독신 가구와 다자녀 가구의 실질세 부담률 차이(%p)
		2009년 대비 증감(%p)	전년 대비 증감(%p)		
(가)	55.3	−0.20	−0.28	40.5	14.8
일 본	32.2	4.49	0.26	26.8	5.4
(나)	39.0	−2.00	−1.27	38.1	0.9
(다)	42.1	5.26	0.86	30.7	11.4
한 국	21.9	4.59	0.19	19.6	2.3
(라)	31.6	−0.23	0.05	18.8	12.8
멕시코	19.7	4.98	0.20	19.7	0.0
(마)	39.6	0.59	−1.16	33.8	5.8
덴마크	36.4	−2.36	0.21	26.0	10.4

● 조 건 ●

• 2019년 독신 가구와 다자녀 가구의 실질세 부담률 차이가 덴마크보다 큰 국가는 캐나다, 벨기에, 포르투갈이다.
• 2019년 독신 가구 실질세 부담률이 전년 대비 감소한 국가는 벨기에, 그리스, 스페인이다.
• 스페인의 2019년 독신 가구 실질세 부담률은 그리스의 2019년 독신 가구 실질세 부담률보다 높다.
• 2009년 대비 2019년 독신 가구 실질세 부담률이 가장 큰 폭으로 증가한 국가는 포르투갈이다.

	(가)	(나)	(다)	(라)	(마)
①	캐나다	그리스	포르투갈	스페인	벨기에
②	벨기에	스페인	캐나다	포르투갈	그리스
③	캐나다	스페인	그리스	포르투갈	벨기에
④	벨기에	그리스	포르투갈	캐나다	스페인

부사관 FINAL
300제

정답 및 해설

PART 01 공간능력 정답 및 해설

문제편 p.007

01	02	03	04	05	06	07	08	09	10
②	①	②	①	③	④	①	①	②	④
11	12	13	14	15	16	17	18	19	20
③	②	④	①	①	①	④	①	①	①
21	22	23	24	25	26	27	28	29	30
③	②	③	①	②	②	④	①	③	③
31	32	33	34	35	36	37	38	39	40
③	④	②	①	①	④	③	②	①	④
41	42	43	44	45	46	47	48	49	50
③	②	①	④	④	②	①	③	③	④
51	52	53	54	55	56	57	58	59	60
③	④	①	④	①	①	③	④	②	③

01　정답 ②

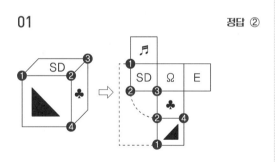

02　정답 ①

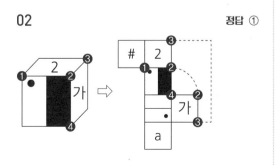

03　정답 ②

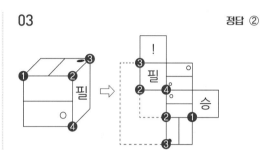

04　정답 ①

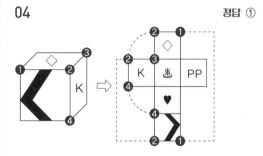

05　정답 ③

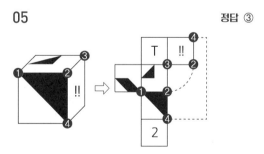

06　정답 ④

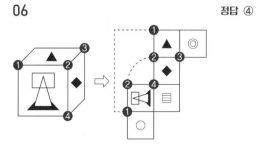

07　　　　　　　　　　정답 ①

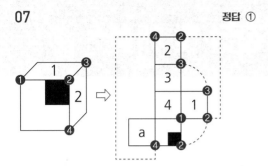

08　　　　　　　　　　정답 ①

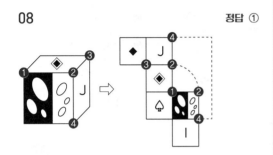

09　　　　　　　　　　정답 ②

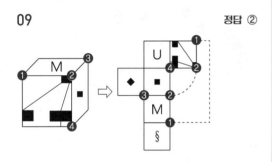

10　　　　　　　　　　정답 ④

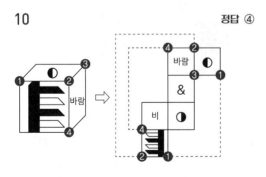

11　　　　　　　　　　정답 ③

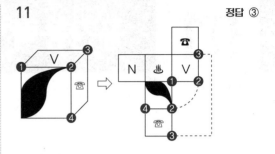

12　　　　　　　　　　정답 ②

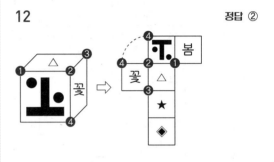

13　　　　　　　　　　정답 ④

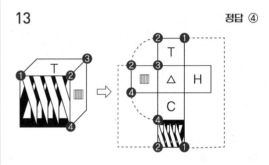

14　　　　　　　　　　정답 ①

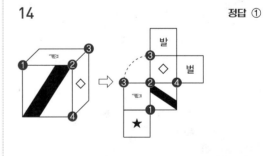

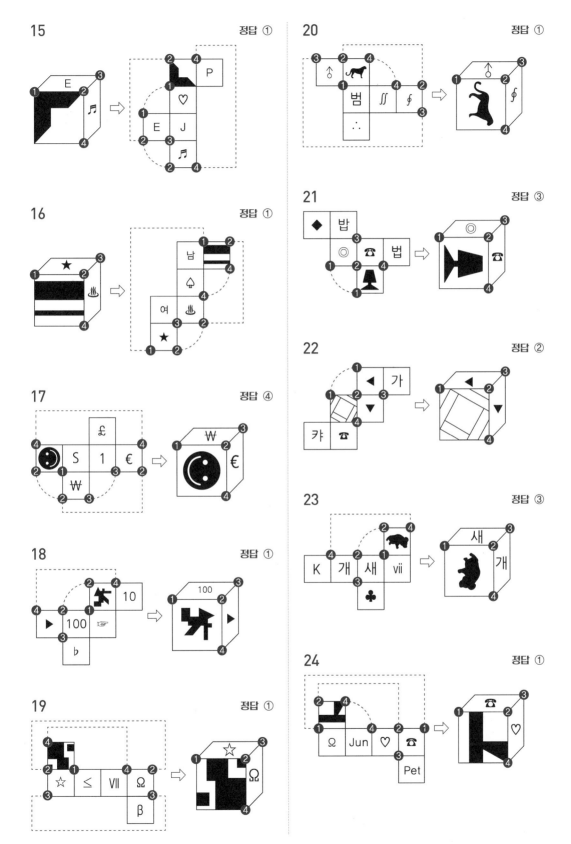

25 정답 ②

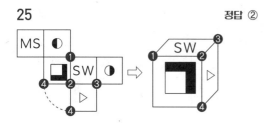

26 정답 ②

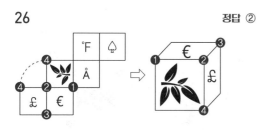

27 정답 ④

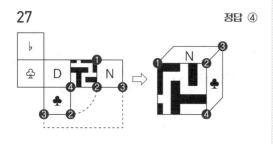

28 정답 ①

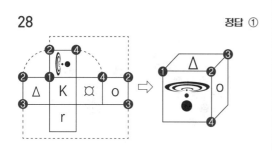

29 정답 ③

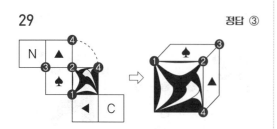

30 정답 ③

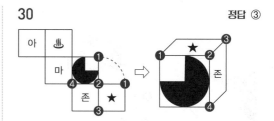

31 정답 ③

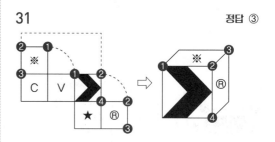

32 정답 ④

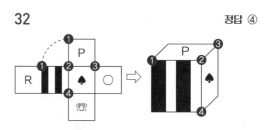

33 정답 ②

1층 : 4+5+5+4+5=23개
2층 : 4+5+5+4+4+4=21개
3층 : 4+5+4+2+2=17개
4층 : 4+2+3+2+2=13개
5층 : 3+0+2+1+1=7개
∴ 23+21+17+13+7=81개

34 정답 ①

1층 : 4+4+5+4+2=19개
2층 : 4+4+5+3+2=18개
3층 : 4+3+3+2+1=13개
4층 : 4+3+2+1+0=10개
5층 : 2+0+1+1+0=4개
∴ 19+18+13+10+4=64개

35 　　　　　　　　　　　　　　정답 ①

1층 : 5+5+5+4+4=23개
2층 : 5+4+5+4+3=21개
3층 : 5+3+4+2+2=16개
4층 : 4+2+3+0+2=11개
5층 : 2+1+1+0+0=4개
∴ 23+21+16+11+4=75개

36 　　　　　　　　　　　　　　정답 ④

1층 : 5+4+5+5+5+4+3=31개
2층 : 5+4+5+5+4+4+3=30개
3층 : 4+3+4+4+4+3+2=24개
4층 : 2+2+2+4+2+3+0=15개
5층 : 0+2+1+0+0+1+0=4개
∴ 31+30+24+15+4=104개

37 　　　　　　　　　　　　　　정답 ③

1층 : 5+5+5+5+4+5+4=33개
2층 : 4+5+5+5+4+5+3=31개
3층 : 4+4+4+5+4+4+2=27개
4층 : 3+4+1+0+2+3+1=14개
5층 : 2+1+0+0+2+0+1=6개
∴ 33+31+27+14+6=111개

38 　　　　　　　　　　　　　　정답 ②

1층 : 4+5+4+5+4=22개
2층 : 4+4+4+5+3=20개
3층 : 3+4+3+4+2=16개
4층 : 3+2+2+2+0=9개
5층 : 1+0+1+0+0=2개
∴ 22+20+16+9+2=69개

39 　　　　　　　　　　　　　　정답 ①

1층 : 5+5+5+4+3=22개
2층 : 5+5+4+3+2=19개
3층 : 5+3+4+3+1=16개
4층 : 4+1+3+1+0=9개
5층 : 2+1+0+1+0=4개
∴ 22+19+16+9+4=70개

40 　　　　　　　　　　　　　　정답 ④

1층 : 5+5+5+5+5=25개
2층 : 3+4+4+5+4=20개
3층 : 3+4+4+5+4=20개
4층 : 0+3+3+0+3=9개
5층 : 0+3+3+0+3=9개
∴ 25+20+20+9+9=83개

41 　　　　　　　　　　　　　　정답 ③

1층 : 4+3+4+5+5+3+3=27개
2층 : 3+3+4+4+4+3+2=23개
3층 : 3+2+3+4+3+2+1=18개
4층 : 3+2+2+3+2+1+0=13개
5층 : 2+0+1+2+0+0+0=5개
∴ 27+23+18+13+5=86개

42 　　　　　　　　　　　　　　정답 ②

1층 : 5+3+5+5+4=22개
2층 : 4+3+4+5+3=19개
3층 : 4+3+4+4+1=16개
4층 : 4+3+4+1+0=12개
5층 : 2+1+1+0+0=4개
∴ 22+19+16+12+4=73개

43 　　　　　　　　　　　　　　정답 ①

1층 : 5+5+3+5+2=20개
2층 : 5+4+3+4+1=17개
3층 : 4+4+3+2+1=14개
4층 : 3+2+1+2+0=8개
5층 : 2+1+1+1+0=5개
∴ 20+17+14+8+5=64개

44 　　　　　　　　　　　　　　정답 ④

1층 : 5+4+4+5+4+5+3=30개
2층 : 5+4+3+5+4+5+2=28개
3층 : 3+4+3+2+3+3+1=19개
4층 : 2+3+0+2+2+1+0=10개
5층 : 0+1+0+0+1+0+0=2개
∴ 30+28+19+10+2=89개

45　　　　　　　　　　　정답 ④

1층 : 5+4+4+5+5=23개
2층 : 5+4+4+5+5=23개
3층 : 5+4+4+4+3=20개
4층 : 3+2+2+4+0=11개
5층 : 3+1+1+4+0=9개
∴ 23+23+20+11+9=86개

46　　　　　　　　　　　정답 ②

1층 : 5+4+5+4+5+4+5=32개
2층 : 2+4+4+4+4+4+1=23개
3층 : 0+4+1+3+3+3+1=15개
4층 : 0+2+0+0+2+3+0=7개
5층 : 0+1+0+0+1+2+0=4개
∴ 32+23+15+7+4=81개

47　　　　　　　　　　　정답 ①

1층 : 5+4+4+4+5=22개
2층 : 4+3+4+4+3=18개
3층 : 3+2+1+2+2=10개
4층 : 2+0+1+2+0=5개
5층 : 0+0+0+1+0=1개
∴ 22+18+10+5+1=56개

48　　　　　　　　　　　정답 ③

상단에서 바라보았을 때, 3_1층 − 5층 − 3층 − 2_2층 − 2_2층으로 구성되어 있다.

49　　　　　　　　　　　정답 ③

정면에서 바라보았을 때, 4층 − 4층 − 5층 − 4층 − 2층으로 구성되어 있다.

50　　　　　　　　　　　정답 ④

우측에서 바라보았을 때, 3층 − 4층 − 4층 − 4층 − 5층으로 구성되어 있다.

51　　　　　　　　　　　정답 ③

우측에서 바라보았을 때, 2층 − 3층 − 5층 − 5층 − 4층으로 구성되어 있다.

52　　　　　　　　　　　정답 ④

우측에서 바라보았을 때, 2층 − 4층 − 4층 − 4층 − 5층으로 구성되어 있다.

53　　　　　　　　　　　정답 ①

상단에서 바라보았을 때, 5층 − 4층 − 3층 − 4층 − 1_1층으로 구성되어 있다.

54　　　　　　　　　　　정답 ④

정면에서 바라보았을 때, 3층 − 4층 − 5층 − 4층 − 3층으로 구성되어 있다.

55　　　　　　　　　　　정답 ①

정면에서 바라보았을 때, 4층 − 5층 − 5층 − 2층 − 4층으로 구성되어 있다.

56　　　　　　　　　　　정답 ①

상단에서 바라보았을 때, 5층 − 4층 − 5층 − 4층 − 1_2층으로 구성되어 있다.

57　　　　　　　　　　　정답 ③

좌측에서 바라보았을 때, 5층 − 5층 − 3층 − 4층 − 2층으로 구성되어 있다.

58　　　　　　　　　　　정답 ④

좌측에서 바라보았을 때, 5층 − 4층 − 5층 − 3층 − 1층으로 구성되어 있다.

59　　　　　　　　　　　정답 ②

우측에서 바라보았을 때, 2층 − 3층 − 2층 − 5층 − 4층으로 구성되어 있다.

60　　　　　　　　　　　정답 ③

상단에서 바라보았을 때, 5층 − 2_1층 − 3층 − 5층 − 2층으로 구성되어 있다.

PART 02 지각속도 정답 및 해설

문제편 p.043

61	62	63	64	65	66	67	68	69	70
②	①	①	②	①	①	②	②	②	①
71	72	73	74	75	76	77	78	79	80
②	①	②	①	①	②	①	②	①	①
81	82	83	84	85	86	87	88	89	90
②	①	①	②	①	①	①	②	①	②
91	92	93	94	95	96	97	98	99	100
①	②	②	②	①	②	①	①	①	②
101	102	103	104	105	106	107	108	109	110
②	④	②	④	②	③	②	②	②	②
111	112	113	114	115	116	117	118	119	120
③	④	①	②	②	③	③	③	④	④

61 　　　　　　　　　정답 ②
냉동 병사 동계 근무 막사 → 냉동 <u>막사</u> 동계 근무 <u>병사</u>

64 　　　　　　　　　정답 ②
훈련 단가 냉동 전투 막사 → 훈련 단가 냉동 <u>성명</u> 막사

67 　　　　　　　　　정답 ②
● △ ▼ ★ ☆ → <u>△</u> <u>●</u> ▼ ★ ☆

68 　　　　　　　　　정답 ②
■ ▼ □ ○ ▲ → ■ <u>▽</u> □ ○ ▲

69 　　　　　　　　　정답 ②
☆ ■ ● ▼ ★ → <u>★</u> ■ ● ▼ <u>☆</u>

71 　　　　　　　　　정답 ②
yours yet young yell yard → yours <u>you</u> young <u>yet</u> yard

73 　　　　　　　　　정답 ②
yet yes you yard young → yet <u>yell</u> <u>year</u> yard young

76 　　　　　　　　　정답 ②
871 784 914 384 785 → <u>157</u> 784 914 384 785

78 　　　　　　　　　정답 ②
839 253 377 785 784 → 839 253 377 <u>784</u> <u>785</u>

81 　　　　　　　　　정답 ②
보호 전자 상처 헬멧 세제 → 보호 전자 <u>군모</u> 헬멧 세제

84 　　　　　　　　　정답 ②
전자 세제 군모 보호 세제 → 전자 <u>어깨</u> 군모 보호 세제

88 　　　　　　　　　정답 ②
강남 강서 관악 구로 금천 → 강남 <u>용산</u> <u>종로</u> 구로 금천

90 　　　　　　　　　정답 ②
마포 강서 종로 서초 강남 → <u>관악</u> 강서 <u>용산</u> 서초 강남

92 　　　　　　　　　정답 ②
◐ ◈ ◉ □ ◇ → ◐ ◈ ◉ □ <u>■</u>

93
정답 ②

■ ◇ ○ ■ ◎ → ■ ◇ ○ ■ <u>◉</u>

94
정답 ②

○ ◑ ◐ ■ ◎ → ○ ◑ <u>◑</u> ■ ◎

96
정답 ②

☀ ☂ ♥ ♨ ∝ → ☀ ☂ <u>☎</u> ♨ ∝

100
정답 ②

☀ ♣ ☂ ♡ ∝ → <u>♨</u> ♣ ☂ <u>☎</u> ∝

101
정답 ②

양융양<u>잉</u>양<u>잉</u>잉영용융양용융양영용영양융융양양양용영영
영잉잉영영융융<u>잉</u>잉융용융융융융융 (8개)

102
정답 ④

서양의 이상향은 천국이며 천국은 우리<u>가</u> 죽어야만 갈 수 있는
곳이다. (8개)

103
정답 ②

T<u>h</u>e private equity, bankruptcy, and steel magnate
quickly named trade policy wit<u>h</u> C<u>h</u>ina as one of t<u>h</u>e
areas <u>h</u>e'd seek to c<u>h</u>ange. (6개)

104
정답 ④

다른 점<u>이</u>라면 7층<u>이</u>라는 점과 거기엔 너<u>와</u> 같은 사람<u>이</u> <u>없</u>다
는 점<u>이</u>지. (9개)

105
정답 ②

<u>I</u>n answer after answer, Obama expressed h<u>i</u>s
conf<u>i</u>dence <u>i</u>n the next cohort of Amer<u>i</u>cans, from the<u>i</u>r
res<u>i</u>l<u>i</u>ence to the<u>i</u>r tolerance. (9개)

106
정답 ③

▶▲▲▶◆▶■▼▲▶▲▶◆▼◆■▲▲■▼◆▲
▼▼▼▶▶◆■■▼▼■◆◆■▶◆▶▶ (10개)

107
정답 ②

8782411835514479787545<u>2</u>9391191214930<u>2</u>255502468
5<u>2</u>0663326 (6개)

108
정답 ②

£¢<u>W</u>$¢¥:,<u>W</u>,$¢£¢<u>W</u>¢<u>W</u>$¥¢£¢::<u>W</u>$¢£¢¥<u>W</u>¢$¢£¢<u>W</u>$¥¥::¢$
<u>W</u>£ (8개)

109
정답 ②

ΔΔ Å Å Å Δ<u>ⓐ</u>ⓐA<u>ⓐ</u>AA<u>ⓐ</u>ⓐΔ Å ÅA<u>ⓐ</u>ⓐAAⓐΔAAⓐΔΔ Å
ÅΔ<u>ⓐ</u>Δ Å<u>ⓐ</u>ⓐΔ<u>ⓐ</u>ⓐ<u>ⓐ</u> (7개)

110
정답 ②

While aut<u>o</u>mati<u>o</u>n has struck s<u>o</u>me fear in the hearts
<u>o</u>f average w<u>o</u>rkers, m<u>o</u>st empl<u>o</u>yers expect it t<u>o</u>
actually create j<u>o</u>bs. (9개)

111
정답 ③

⇦⇨⇨⇨⇦⇨⇧⇦⇨⇦⇩⇨⇦⇨⇨⇨⇦⇨⇧⇦⇨⇦⇩⇩⇨⇦⇨⇨
⇦⇨⇦⇩⇨⇧⇦⇨⇨⇨⇦⇨ (14개)

112
정답 ④

사<u>람</u>은 혼자 있을 때 보다 다<u>른</u> 사<u>람</u>과 있을 때 30배 더 웃는
다. (5개)

113
정답 ①

4119868058935<u>2</u>85784675494<u>2</u>936<u>2</u>4935<u>72</u>0<u>2</u>69761539
311<u>2</u>1<u>2</u>43 (7개)

114
정답 ②

<u>우</u>리나라는 노<u>인</u> 현상을 가정 테두<u>리</u> 안에서 해결하려는 전통
의 남아있다. (5개)

115
정답 ②

I have m<u>o</u>re c<u>o</u>nfidence <u>o</u>n racial issues in the next
generati<u>o</u>n than I d<u>o</u> in <u>o</u>ur generati<u>o</u>n <u>o</u>r the previ<u>o</u>us
generati<u>o</u>n. (10개)

116

정답 ③

텃톗톗톗톗톗텃톗텼톗톗톗톗톗텃톗톗텃톗텃톗톗톗톗텃톗톗톗텃톗텼톗텃톗텃톗톗텃톗톗톗톗텃텃톗텃톗톗텄톗텄톗텄톗텃 (9개)

117

정답 ③

 (14개)

118

정답 ③

H<u>e</u>althy d<u>e</u>mocraci<u>e</u>s thriv<u>e</u> on transpar<u>e</u>ncy and l<u>e</u>ad<u>e</u>rship that is s<u>e</u>nsitiv<u>e</u> to th<u>e</u> n<u>e</u>eds of its citiz<u>e</u>ns. (13개)

119

정답 ④

<u>뵹</u> ㅎㅎ ㅂ시 ㅎㅎ 뼝 00 ㅂ시 00 ㅂ시 ㅎㅎ 뼝 ㅂ시 뼝 뼝 00 <u>뵹</u> 뼝 <u>뵹</u> 00 ㅎㅎ ㅂ시 <u>뵹</u> ㅎㅎ ㅂ시 <u>뵹</u> ㅎㅎ 뼝 뼝 00 뼝 ㅎㅎ <u>뵹</u> ㅎㅎ <u>뵹</u> 00 <u>뵹</u> 00 00 <u>뵹</u> <u>뵹</u> (9개)

120

정답 ④

Ro<u>ss</u> did add, however, that "<u>s</u>imultaneity" i<u>s</u> another factor that'<u>s</u> <u>s</u>orely mi<u>ss</u>ing in U<u>S</u> trade agreement<u>s</u>. (10개)

121	122	123	124	125	126	127	128	129	130
①	②	③	①	④	③	④	④	④	①
131	132	133	134	135	136	137	138	139	140
⑤	④	④	⑤	④	①	②	②	④	①
141	142	143	144	145	146	147	148	149	150
②	④	③	①	①	②	①	②	④	②
151	152	153	154	155	156	157	158	159	160
②	②	⑤	⑤	②	⑤	②	②	③	③
161	162	163	164	165	166	167	168	169	170
①	①	③	③	①	②	④	①	⑤	④
171	172	173	174	175	176	177	178	179	180
⑤	①	③	③	①	①	④	⑤	②	⑤
181	182	183	184	185	186	187	188	189	190
③	②	④	③	③	③	①	⑤	③	②
191	192	193	194	195	196	197	198	199	200
③	③	③	①	⑤	④	④	④	③	⑤
201	202	203	204	205	206	207	208	209	210
⑤	④	③	②	③	⑤	④	②	①	⑤
211	212	213	214	215					
③	②	⑤	①	①					

121　　　　　　　　　　정답 ①

✓ 정답분석

제시문의 '기쁨에 찬'에서 '차다'는 '감정이나 기운 따위가 가득하다.'라는 뜻으로, ①이 이와 같은 의미로 쓰였다.

✗ 오답분석

② 수갑 따위를 팔목이나 발목에 끼우다.
③ 발로 힘 있게 밀어젖히다.
④ 일정한 공간에 사람·사물·냄새 따위가 더 들어갈 수 없이 가득하다.
⑤ 몸에 닿은 물체나 대기의 온도가 낮다.

122　　　　　　　　　　정답 ②

✓ 정답분석

제시문의 '놀다'는 '어떤 일을 하다가 중간에 일정한 동안을 쉬다.'라는 뜻으로, ②가 이와 같은 의미로 쓰였다.

✗ 오답분석

① 고정되어 있던 것이 헐거워져서 움직이다.
③ 태아가 꿈틀거리다.
④ 놀이나 재미있는 일을 하며 즐겁게 지내다.
⑤ 비슷한 무리끼리 어울리다.

123　　　　　　　　　　정답 ③

✓ 정답분석

〈보기〉에서 '부치다'는 '마음이나 정 따위를 다른 것에 의지하여 나타내다.'의 의미이므로 ③이 이와 같은 의미로 쓰였다.

✗ 오답분석

① 원고를 인쇄에 넘기다.
② 어떤 문제를 다른 곳이나 다른 기회로 넘기어 맡기다.
④ 어떤 일을 거론하거나 문제 삼지 아니하는 상태에 있게 하다.
⑤ 먹고 자는 일을 제집이 아닌 다른 곳에서 하다.

124　　　　　　　　　　정답 ①

✓ 정답분석

빈칸 앞에서는 문학이 보여주는 세상은 실제의 세상 그 자체가 아니라고 했고, 빈칸 뒤에서는 문학 작품 안에 있는 세상이나 실제로 존재하는 세상의 본질은 다를 바가 없다고 하였다. 따라서 빈칸 안에는 앞의 내용과 뒤의 내용이 상반되는 접속부사 '그러나'가 적절하다.

125　　　　　　　　　　정답 ④

✓ 정답분석

• 간헐적 : 얼마 동안의 시간 간격을 두고 되풀이하여 일어나는
• 이따금 : 얼마쯤씩 있다가 가끔

① 근근이 : 어렵사리 겨우
② 자못 : 생각보다 매우
③ 빈번히 : 번거로울 정도로 도수가 잦게
⑤ 흔히 : 보통보다 더 자주 있거나 일어나서 쉽게 접할 수
있게

126
정답 ③

③ 상응(相應) : 서로 응하거나 어울림

① 호응(呼應) : 부름이나 호소 따위에 대답하거나 응함
② 부응(副應) : 기대나 요구 따위에 좇아서 응함
④ 대응(對應) : 어떤 일이나 사태에 맞추어 태도나 행동을
취함
⑤ 상통(相通) : 서로 막힘없이 길이 트임

127
정답 ④

④ '어리석고 어두움'의 뜻을 가진 단어는 '몽매(蒙昧)'이다.
'문외한(門外漢)'이란 '그 일에 전문가가 아닌 사람, 직접
관계가 없는 사람'을 뜻한다.

128
정답 ①

두음 법칙에 따라 ② 남존여비, ③ 은닉, ④ 닢, ⑤ 연도로 써
야 한다.

129
정답 ④

④ 한글 맞춤법 제51항 "부사의 끝음절이 분명히 '이'로만 나
는 것은 '-이'로 적고, '히'로만 나거나 '이'나 '히'로 나는
것은 '-히'로 적는다."라는 규정에 따라 '나지막히'는 '나지
막이'로 써야 한다.

130
정답 ①

① 괴발개발 : 글씨를 함부로 이리저리 갈겨 써 놓은 모양

② 언구럭 : 교묘한 말로 떠벌리며 남을 농락하는 짓
③ 티석티석 : 거죽이나 면이 매우 거칠게 일어나 번지럽지
못한 모양
④ 곰비임비 : 물건이 거듭 쌓이거나 일이 계속 일어남을 나타
내는 말
⑤ 훨찐 : 들판 따위가 매우 시원스럽게 펼쳐진 모양(=훨쩍)

131
정답 ⑤

⑤ 박혀(×) → 박여(○) : '박혀'는 '박다'의 피동사 '박히다'의
활용형이다. 이때 '박다'는 '두들겨 치이거나 틀려서 꽂히
다.'라는 뜻이다. 반면, '박여'는 '박이다'의 활용형으로,
'버릇, 생각, 태도 따위가 깊이 배다.'라는 뜻이다.

132
정답 ④

얼굴을 깎다 : (어떤 사람이 다른 사람의) 체면을 잃게 만든다.

133
정답 ④

'손을 끊다'는 '거래나 교제 따위를 중단하다.'의 의미이고, ④
의 설명은 '손을 놓다'의 의미이다.

134
정답 ⑤

제시문은 짧은 시간이라도 소중히 여겨야 함을 이야기하고 있
는데, ⑤는 아주 하찮은 일이나 극히 적은 분량을 비유적으로
이르는 말이므로 그 의미가 다르다.

①・②・③・④ 모두 작은 것의 소중함에 대해 이야기하므로
제시문의 내용과 그 의미가 일맥상통한다.

135 정답 ④

✔ 정답분석

④ '목불식정(目不識丁)'은 아주 간단한 글자인 '丁'자를 보고도 그것이 '고무래'인 줄을 알지 못한다는 뜻으로, 아주 까막눈임을 이르는 말이다. 따라서 '낫 놓고 기역 자도 모른다'와 같은 의미를 가진다.

✖ 오답분석

① 구밀복검(口蜜腹劍) : 겉으로는 꿀맛같이 친한 척하지만 내심으로는 음해할 생각을 하거나, 돌아서서 헐뜯음
② 누란지세(累卵之勢) : 포개어 놓은 알의 형세라는 뜻으로, 몹시 위험한 형세
③ 사면초가(四面楚歌) : 아무에게도 도움을 받지 못하는, 외롭고 곤란한 지경에 빠진 형편
⑤ 소탐대실(小貪大失) : 작은 것을 탐하다가 큰 것을 잃음

136 정답 ①

✔ 정답분석

① 코가 높다(×) → 눈이 높다(○)
  • 눈이 높다 : 수준 이상의 좋은 것만 찾는 버릇이 있다. / 안목이 높다.
  • 코가 높다 : 잘난 체하고 뽐내는 기세가 있다.

✖ 오답분석

② 발이 넓다 : 사귀어 아는 사람이 많아 활동하는 범위가 넓다.
③ 손이 크다 : 씀씀이가 후하고 크다. / 수단이 좋고 많다.
④ 목이 빠지게 기다리다 : 몹시 안타깝게 기다리다.
⑤ 귀가 뚫리다 : 말을 알아듣게 되다.

137 정답 ②

✔ 정답분석

'우리는 매주 토요일마다 독서 모임을 했다.'로 고쳐 써야 한다. '모임을 가지다'는 'Have'를 번역한 영어투이므로 바람직하지 않다.

138 정답 ②

✖ 오답분석

① '안 돼'가 올바른 표현이다. '돼'는 용언 '되다'가 '되어'로 활용될 때, '되어'의 줄임말로 쓰인다.
③ '너머'가 올바른 표현이다.
④ '단언컨대'가 올바른 표현이다.
⑤ '붙이자'가 올바른 표현이다.

139 정답 ④

✔ 정답분석

④ '새로운 물건을 만들거나 새로운 생각을 내어놓음'이라는 뜻의 '개발'이 적절하다.

140 정답 ①

✔ 정답분석

① 무지에 호소하는 오류 : 어떤 주장에 대해 증명할 수 없거나 결코 알 수 없음을 들어 거짓이라고 반박하는 오류

✖ 오답분석

②・③・④・⑤ 흑백 논리의 오류 : 어떤 집합의 원소가 단 두 개밖에 없다고 여기고, 이것이 아니면 저것일 수밖에 없다고 단정 짓는 오류

141 정답 ②

✔ 정답분석

② '무'가 표준어이고 '무우'는 틀린 표현이다.

142 정답 ④

✖ 오답분석

①・②・③・⑤는 상하 관계로 왼쪽은 하위어, 오른쪽은 상위어이다.

143 정답 ③

✔ 정답분석

③ 기울어짐을 뜻하는 경사와 비탈은 '유의 관계'이다.

✖ 오답분석

①・②・④・⑤ 왼쪽은 하위어, 오른쪽은 상위어로 '상하 관계'이다.

144 정답 ①

✔ 정답분석

① '살다'와 '죽다'는 두 단어를 동시에 긍정하거나 동시에 부정할 수 없는 '상보 반의어 관계'이다.

✖ 오답분석

②・③・④・⑤ 중간 등급(정도)이 존재하는 '정도 반의어(등급 반의어) 관계'이다.

145 정답 ①

✔ 정답분석

① 유명무실(有名無實)은 이름만 그럴 듯하고 실속은 없는 것을 이르는 말이다. 이는 농작물이 큰 피해를 입어도 시설 피해가 적다는 이유로 재난구역에 포함되지 못한 현행 농어업 재해 대책을 표현하는 데 있어 적절한 한자성어이다.

✘ 오답분석

② 각주구검(刻舟求劍) : 배에 흠집을 내어 칼을 찾는다는 뜻으로 엉뚱하고 미련해서 현실에 어둡다는 의미
③ 연목구어(緣木求魚) : 불가능한 일을 무리해서 굳이 하려함
④ 자업자득(自業自得) : 자기가 저지른 일의 결과를 자신이 감수함
⑤ 사후약방문(死後藥方文) : 사람이 죽은 뒤에 약을 짓는다는 뜻으로 일을 그르친 뒤에는 아무리 뉘우쳐도 이미 늦었다는 말

146 정답 ②

✔ 정답분석

② 靑出於藍(청출어람)이란 제자·후배·손아랫사람 등이 더 뛰어나게 발전함을 뜻한다.

✘ 오답분석

① 갑남을녀(甲男乙女) : 평범한 사람들을 이르는 말
③ 온고지신(溫故知新) : 옛것을 익히고 그것을 미루어서 새 것을 앎
④ 타산지석(他山之石) : 본이 되지 않은 남의 말이나 행동도 자신의 지식과 인격을 수양하는 데에 도움이 될 수 있음
⑤ 악방봉뢰(惡傍逢雷) : 나쁜 짓을 한 사람과 함께 있다가 죄 없이 벌을 받게 됨

147 정답 ①

✘ 오답분석

② 맥수지탄(麥秀之嘆) : 고국의 멸망을 한탄함을 이르는 말
③ 백아절현(伯牙絶絃) : 자기를 알아주는 참다운 벗의 죽음을 슬퍼함
④ 망운지정(望雲之情) : 자식이 객지에서 고향에 계신 어버이를 생각하는 마음
⑤ 온고지신(溫故知新) : 옛것을 익히고 그것을 미루어서 새 것을 앎

148 정답 ②

✔ 정답분석

② 하루살이는 인생보다 짧고, 인생은 예술보다 짧다. 즉, 하루살이는 예술보다 짧다.

149 정답 ④

✔ 정답분석

- ㉠의 앞 내용과 뒤의 내용이 다르므로 ㉠에 들어가야 할 접속어는 글의 흐름을 다른 방향으로 이끄는 '그런데'가 적절하다.
- ㉡의 뒤 내용은 앞 내용과 다른 방향으로 흘러가므로 '한편'이 적절하다.

150 정답 ②

✔ 정답분석

② ㉡의 앞 문장에서 '뉴스 타전은 소름이 돋을 정도로 정확하게 교회의 시간 규범을 따른다.'고 했으므로 뉴스와 기도 시간이 서로 상응한다는 내용의 〈보기〉가 들어갈 곳은 ㉡이 적절하다.

151 정답 ②

✔ 정답분석

제시된 개요의 '본론 1'과 '본론 2'는 각각 기업과 소비자의 차원으로 나뉜다. 그러므로 ㉠에는 '본론 1-(2)'에서 제시한 원인과 연계 지어 소비자 차원에서 포장재 쓰레기의 양을 줄이기 위한 방안을 제시하는 내용이 들어가야 한다. 따라서 호화로운 포장보다는 실속을 중시하는 합리적인 소비 생활을 해야 한다는 ②의 내용이 들어가는 것이 가장 적절하다.

152 정답 ②

✔ 정답분석

제시문의 핵심 내용을 보면 '반대는 필수불가결한 것이다.', '자유의지를 가진 국민의 범국가적 화합은 정부의 독단과 반대당의 혁명적 비타협성을 무력화시키는 정치 권력의 충분한 균형에 의존하고 있다.', '그 균형이 더 이상 존재하지 않는다면 민주주의는 사라지고 만다.'로 요약할 수 있다. 이 내용을 토대로 주제를 찾는다면 제목으로 ②가 가장 적절하다.

153 정답 ⑤

✔ 정답분석

⑤ 제시문에서는 '어떤 조건을 갖춘 지식을 진리라고 할 수 있을까?'라는 질문을 던진 후 이와 관련된 학설인 대응설과 정합설, 실용설이 진리 여부를 어떤 기준에 의해 판단하는지를 설명하고 있다. 따라서 '진리 여부를 판단하는 기준과 관련된 학설들을 정리하라.'가 주어진 과제의 제목으로 적절하다.

154 정답 ⑤

- 내구성을 따지지 않는 사람 → 속도에 관심이 없는 사람 → 디자인에 관심 없는 사람
- 연비를 중시하는 사람 → 내구성을 따지는 사람

① 연비를 중시하지 않는 사람도 내구성은 따진다.
  → 연비를 중시하지 않는 사람이 내구성을 따지는지의 여부는 알 수 없다.
② 디자인에 관심 없는 사람도 내구성은 따진다.
  → 디자인에 관심 있는 사람이 내구성을 따진다.
③ 연비를 중시하는 사람은 디자인에는 관심이 없다.
  → 연비를 중시하는 사람이 디자인에 관심이 없는지의 여부는 알 수 없다.
④ 속도에 관심이 있는 사람은 연비를 중시하지 않는다.
  → 속도에 관심이 있는 사람은 내구성을 따지고, 내구성을 따지지 않는 사람이 연비를 중시하지 않는다.

155 정답 ②

② 제시된 글에서 '서양인들은 위기에 어떻게 대응하느냐에 따라 결과가 달라진다고 보았다. 상황에 위축되지 않고 침착하게 위기의 원인을 분석하여 사리에 맞는 해결 방안을 찾을 수 있다면 긍정적 결과가 나올 수 있다는 것이다.'를 보면 주제가 '위기 상황을 냉정하게 판단하고 긍정적으로 받아들인다.'임을 알 수 있다.

156 정답 ⑤

ⓒ · ⑩ 원인과 결과의 관계를 파악하는 과정에서 인식의 혼동을 일으켜 원인을 결과로, 결과를 원인으로 전도시키는 오류가 발생하였다.

㉠ 한두 잔의 물을 마실 수 있다는 일부 사실로부터 저수지의 물 모두를 마실 수 있는 것이라고 판단하였다. 이는 통계적 귀납 추론 과정에서 불규칙한 분포를 띤 일부 표본으로부터 결론을 도출하는 '성급한 일반화'의 오류이다.
㉡ 우연의 일치일 뿐이며 빨간 옷이 만점을 받게 하는 원인이 아니다. 즉, 단순하게 선행된 사건이 후행 사건의 원인이라고 단정하는 '거짓 원인의 오류'이다.
㉣ 붉은 반점과 고열은 홍역으로 인하여 나타나는 결과들이므로 양자 간의 인과관계를 단정할 수는 없다.

157 정답 ②

빈칸 뒤에서 민화는 필력보다 소재와 그것에 담긴 뜻이 더 중요한 그림이라고 설명하고 있다. 이를 통해 민화는 작품의 기법보다 작품의 의미를 중시했음을 알 수 있다. 따라서 빈칸에 들어갈 문장은 ②가 가장 적절하다.

158 정답 ②

② 제시된 글의 마지막 부분에서 영어를 황소개구리로, 우리말을 청개구리로 비유함으로써 글의 주제를 함축적으로 나타내고 있다.

159 정답 ③

③ 제시된 글은 허균의 「유재론」으로, 중국의 사례와 대비해서 우리나라에서 인재를 버리는 것은 하늘을 거스르는 것임을 밝히고, 인재를 차별 없이 등용할 것을 강한 어조로 촉구하고 있다.

160 정답 ③

제시문은 '국어 순화'에 대한 내용으로 '(가) 우리말 다듬기의 개념 : 잡스러운 것을 없애는 것 복잡한 것을 단순하게 하는 것 → (라) 우리말 다듬기 중 잡스러운 것을 없애는 예 : 외국어, 비속한 말, 틀린 말의 재정비 → (나) 우리말 다듬기 중 복잡한 것을 단순하게 하는 예 → (다) 우리말 다듬기의 최종적인 개념 정리 : 고운 말, 바른 말, 쉬운 말'의 순서가 옳다.

161 정답 ①

- (가)와 (다)를 제외한 문단들은 접속어로 시작하기 때문에 첫 번째로 올 수 없다. 문맥상 상품 생산자와 상품의 관계를 제시하고 있는 (가)가 첫 번째로, (가)에서 언급된 '자립적인 삶'을 부연 설명하고 있는 (다)가 두 번째로 오는 것이 자연스럽다.
- 접속어 '또한'을 사용해 (가)와 (다)를 이어 내용을 첨가하고 있는 (라)가 세 번째로 와야 한다.
- '이처럼'을 첫 단어로 사용하여 '인간 소외'를 언급하면서 앞 내용들을 결론짓고 있는 (나)가 마지막으로 오는 것이 자연스럽다.

따라서 적절한 글의 순서는 (가) – (다) – (라) – (나)이다.

'순서 맞추기' 유형

1. 가장 처음에 올 문장은 맨 앞에 접속어나 지시어가 있을 수 없다. 접속어나 지시어가 맨 앞에 나온 문장이나 문단을 소거한다.
2. 개념이나 용어, 현황을 설명하는 문장이나 문단을 앞 순서로 둔다.
3. 전체 내용을 요약하는 문장이나 문단을 맨 마지막 순서로 둔다.

162
정답 ①

✓ 정답분석

- 먼저 ㉠과 ㉤을 제외한 문장들은 접속어로 시작하기 때문에 첫 문장으로 올 수 없다. ㉠보다는 '재화를 구입하는 이유'에 대해 설명하고 있는 ㉤이 글의 개요 역할에 더 어울리므로 첫 번째 문장으로 와야 한다.
- 역접의 접속어 '그러나'를 사용하면서 '사용해야만 알 수 있는 재화의 효용'을 언급하고 있는 ㉢이 두 번째 문장으로 어울린다.
- '예를 들면'을 앞 부분에 사용하면서 ㉢의 예시를 들고 있는 ㉣이 세 번째 문장으로 와야 한다.
- ㉣과 인과관계를 가진 ㉡이 네 번째 문장으로 와야 하고, 모든 문장의 결론을 짓고 있는 ㉠이 마지막 문장으로 와야 한다. 따라서 문장의 순서는 ㉤ - ㉢ - ㉣ - ㉡ - ㉠이다.

163
정답 ③

✓ 정답분석

③ 여행의 노정과 일정은 제시된 글에 나타나 있지 않다.

✗ 오답분석

① '한민족의 뿌리를 찾자!'에서 여행의 동기와 목적을 알 수 있다.
② '현수막을 보자 내 가슴은 마구 뛰었다.'에서 출발할 때의 감흥을 알 수 있다.
④ '난생 처음 떠나는 해외여행, 8월 15일 오후 3시 15분 비행기에 오르는 나는 한여름의 무더위도 잊고 있었다.'에서 출발할 때의 날씨와 시간을 알 수 있었다.
⑤ '인천국제공항 광장에 걸린, '한민족의 뿌리를 찾자! 대한고등학교 연수단'이라고 쓴 현수막'에서 여행의 주체와 출발할 때의 장소를 알 수 있다.

164
정답 ③

✓ 정답분석

③ ㉢은 세대 간 갈등을 설명하고 있는 글의 전체적인 흐름에서 불필요한 문장이므로 삭제하는 것이 좋다.

165
정답 ①

✓ 정답분석

㉠은 온전한 수박의 구 형태를 가리키고 있는 반면, ㉡~㉤은 모두 수박이 갈라진 모양, 즉 수박의 안쪽을 가리키고 있다.

166
정답 ②

✓ 정답분석

'공부를 열심히 한다.'를 A, '지식이 함양되지 않는다.'를 B, '아는 것이 적다.'를 C, '인생에 나쁜 영향이 생긴다.'를 D로 놓고 보면 첫 번째 명제는 C → D, 세 번째 명제는 B → C, 네 번째 명제는 not A → D이므로 네 번째 명제가 도출되기 위해서는 빈칸에 not A → B가 필요하다. 따라서 대우 명제인 ②가 답이 된다.

167
정답 ④

✓ 정답분석

- 깔끔한 사람 → 정리정돈을 잘함 → 집중력이 좋음 → 성과 효율이 높음
- 주변이 조용함 → 집중력이 좋음 → 성과 효율이 높음

✗ 오답분석

① 세 번째 명제와 첫 번째 명제로 추론할 수 있다.
② 두 번째 명제와 네 번째 명제로 추론할 수 있다.
③ 세 번째 명제, 첫 번째 명제, 네 번째 명제로 추론할 수 있다.
⑤ 네 번째 명제의 대우와 두 번째 명제의 대우로 추론할 수 있다.

168
정답 ①

✗ 오답분석

② 영수는 '개인들이 자신의 정보를 잘못 관리한 책임까지 은행에서 진다는 것은 문제가 있습니다.'라고 했으므로 보이스피싱 범죄의 확산에 대한 일차적 책임이 은행과 정부에 있다고 생각하지 않는다.
③ 보이스피싱 범죄로 인한 피해를 방지하기 위해 은행에서 노력하고 있다는 입장은 토론에 나타나지 않는다.
④ 영수는 '개인들이 자신의 정보를 잘못 관리한 책임까지 은행에서 진다는 것은 문제가 있습니다.'라고 했으므로 근본적으로 해결하기 위해 은행의 역할을 강조하고 있지 않다.
⑤ 영수와 민수 모두 보이스피싱 범죄를 개인 정보 관리로 예방할 수 있다고 언급하고 있지 않다.

169

정답 ⑤

✔ 정답분석

⑤ '분명히 일은 노력과 아픔을 필요로 하고, 생존을 위해 물질적으로는 물론 정신적으로도 풍요한 생활을 위한 도구적 기능을 담당한다.'라는 문장을 보면 '일'은 물질적 풍요와 정신적 풍요 모두를 위한 도구라는 것을 알 수 있다.

전략 TIP

'내용 파악' 유형

1. 지문에서 접할 수 있는 핵심어 중심으로 선택지를 체크한다.

2. 선택지에 체크한 핵심어와 관련된 내용이 지문의 어디에 위치하는지 파악하여 글의 내용과 빠르게 비교한다.

170

정답 ④

✔ 정답분석

④ '작업'은 자의적·창의적 활동이라고 했으므로 요리사가 되고 싶어 새로운 조리법을 개발하는 것은 '작업'이다.

✕ 오답분석

① 신발 정리가 되어 있지 않은 것을 보고 자발적으로 정리하는 것은 자의적 활동이므로 '작업'이다.

② 자신이 좋아하는 운동을 연습하여 실력이 향상되는 것은 자의적 활동이므로 '작업'이다.

③ 방이 지저분해서 꾸지람을 들은 뒤 억지로 방 청소를 하는 것은 타의적 활동이므로 '고역'이다.

⑤ 지각한 벌로 청소를 하는 것은 타의적 활동이므로 '고역'이다.

171

정답 ⑤

✕ 오답분석

① 일본의 어머니가 듣는 사람의 입장, 미국의 어머니가 말하는 사람의 입장을 강조한다.

② 미국의 어머니에 대한 설명이다.

③ 일본의 어머니에 대한 설명이다.

④ 일본의 어머니가 듣는 사람의 입장을 배려하도록 가르치는 것은 맞지만, 자신의 생각을 분명하게 표현하라는 가르침은 미국 어머니의 의사소통 방침이다.

172

정답 ①

✔ 정답분석

① 빈칸 뒤에 이어지는 "'못' 사는 것을 마치 '안' 사는 것처럼 포장한 것이다."라는 문장을 통해 이런 풍조는 일종의 자기 최면임을 알 수 있다.

전략 TIP

'빈칸 추론' 유형

1. 빈칸이 있는 문단을 읽으며 내용을 대략적으로 유추한다.

2. 빈칸 앞뒤에 위치하고 있는 한두 문장을 통해 빈칸과 어떤 관계로 연결되어 있는지 파악한다.

3. 선택지 중 확실한 오답을 제외한 후, 남은 선택지를 빈칸에 넣어보며 내용이 자연스럽게 이어지는 것을 고른다.

173

정답 ③

✔ 정답분석

빈칸 앞에 '심지어 고가의 힐링 여행이나 힐링 주택 등의 상품들도 나오고 있다.'라는 문장이 나오고 '그러나'라는 역접의 접속사가 있다. 따라서 빈칸에는 앞 문장과 대조되는 내용이 와야 하므로 ③ '많은 돈을 들이지 않고서도 쉽게 할 수 있는 일부터 찾는 것이 좋을 것이다.'가 적절하다.

174

정답 ③

✔ 정답분석

③ (다)의 '기초 과학과 기초 연구가 왜 중요한가?'라는 물음에 '토대이기 때문이다.'라고 답하며 중심 내용을 드러내고 있다.

✕ 오답분석

① (가)에서 단어의 어원을 밝히고 있지 않으며, 개념을 정의하고 있지도 않다.

② (나)에 공간의 이동은 나와 있지 않다.

④ (가), (나), (다) 모두 직접 실험하여 가설을 입증하고 있지 않다.

⑤ (가), (나), (다) 모두 시간의 흐름에 따른 가설의 변화가 나타나 있지 않으며, 이를 통해 가설을 정의하고 있지도 않다.

175

정답 ①

✔ 정답분석

(나)의 마지막에서 두 번째 문장을 보면 '남이 해 놓은 것을 조금 개량하는 데에서 머무르지 않고 정말 새롭고 혁신적인 것을 만들기 위해서는, 결국 지식의 기반 수준에서 창의적일 수 있는 교육이 이루어져야 한다.'라고 했으므로 ㉠에 들어갈 말은 '교육'이 적절하다.

176 정답 ①

✓ 정답분석

먼저 문단의 첫 부분을 빠르게 훑어 접속사 및 지시대명사를 찾아보면, ㉡, ㉢, ㉣, ㉤, ㉥ 순서대로 '따라서', '그들은', '그런데', '그 발상은', '왜냐하면'을 찾을 수 있다. 여기서 '그런데'를 제외한 접속사 및 지시대명사는 결론, 이유나 부연설명 정도이므로 '그런데'를 기점으로 글이 나뉨을 알 수 있다. 따라서 ㉠, ㉡, ㉢/㉣, ㉤, ㉥으로 나눠진 선택지 ①이 정답 후보가 되며, 다시 글로 돌아가 처음부터 순서대로 읽으며 확인해보면 ㉡은 ㉠의 결론, ㉢은 ㉡의 부연, ㉣은 전환되는 부분, ㉤은 ㉣에 대한 부연, ㉥은 ㉤에 대한 이유로 ①이 답임을 알 수 있다.

✕ 오답분석

②·⑤와 같은 구조가 되기 위해서는, ㉠이 서론으로 전체 글을 포괄적으로 품어야 한다. 하지만 ㉣의 전환되는 내용을 통해 ㉠이 전체 글을 어우르는 서론이 될 수 없음을 알 수 있으므로 ②·⑤는 답이 될 수 없다.

177 정답 ④

✓ 정답분석

〈보기〉에 '묘사'에 대한 언급이 있으므로 〈보기〉의 앞에는 어떤 모습이나 장면이 나와야 한다. (다) 뒤에 '분주하고 정신없는 장면'이라는 표현이 있으므로 〈보기〉는 (라)에 들어가는 것이 좋다. 또한 〈보기〉에서 묘사는 '본 사람이 무엇을 중요하게 판단하고, 무엇에 흥미를 가졌느냐에 따라 크게 다르다.'고 했으므로 〈보기〉는 '어느 부분에 주목하고, 또 어떻게 그것을 해석했는지에 따라 즐겁기도 하고 무섭기도 하다.'의 구체적 내용의 앞부분인 (라)에 위치해야 한다.

178 정답 ⑤

✓ 정답분석

⑤ 제시문은 사이코패스의 정의와 그 특성을 말하고 있다.

전략 TIP

'설명문' 유형

1. 어떤 대상이나 개념을 설명하는 글은 대부분 첫 문장에서 무엇을 설명할 것인지 소개한다. 따라서 글의 도입부를 유의해서 읽는다.
2. 부연설명 부분을 중심내용과 구분한다.

179 정답 ②

✓ 정답분석

제시문은 재산권 제도의 발달에 따른 경제 성장을 예로 들어 제도의 발달과 경제 성장의 상관관계에 대해 설명하고 있다. 따라서 제목으로 어울리는 것은 ② '경제 성장과 제도 발달'이다.

180 정답 ⑤

✓ 정답분석

⑤ 제시문은 고전 범주화 이론에 바탕을 두고 있는 성분 분석 이론이 단어의 의미를 충분히 설명하지 못한다는 것을 말하고 있다. 따라서 글의 주제는 ⑤ '고전 범주화 이론의 한계'이다.

✕ 오답분석

① · ② · ③ '새'가 계속 언급되는 것은 고전적인 성분 분석의 예로써 언급되는 것일 뿐 주제가 될 수 없다.

④ 성분 분석 이론의 바탕은 고전 범주화 이론이고, 이는 너무 포괄적이기 때문에 글의 주제가 될 수 없다.

181 정답 ③

✓ 정답분석

마지막 문단에서 '선비들은 어려서부터 머리가 희어질 때까지 오직 글쓰기나 서예 등만 익혔을 뿐이므로 갑자기 지방관리가 되면 당황하여 어찌할 바를 모른다.'고 하여 형벌에 대한 사대부들의 무지를 비판하고 있음을 알 수 있다.

182 정답 ②

✓ 정답분석

② 제시문은 분노가 어떠한 공격과 복수의 행동을 유발하는지에 대해 서술하고 있다.

✕ 오답분석

① 공격을 유발하는 원인에 대한 언급은 없다.

③ 탈리오 법칙에 대한 언급은 했으나, 실제 사례에 대한 구체적인 서술은 없다.

④ 동물과 인간이 가지는 분노에 대한 감정 차이보다는, '분노했을 때의 행동'에 대한 공통점에 주안점을 두고 서술하였다.

⑤ 분노 감정의 처리는 글의 도입부에 탈리오 법칙으로 설명될 뿐, 중심내용으로 볼 수 없다.

183 정답 ④

✓ 정답분석

지문의 첫 번째 문장에서 '대중문화는 일시적인 유행에 그친다고 생각하고 있다.'고 했지만, '그러나 이러한 판단은 근거가 확실치 않다.'고 서술하고 있다.

184 정답 ③

✓ 정답분석

③ 윗글에서는 아이들의 거친 비속어 사용에 관한 구체적 현실을 언급하며 문제 상황을 드러내고 있다.

185 정답 ③

✓ 정답분석

③ 중략의 뒤에 나온 '이때 제일 먼저 생각해야 할 것은 상대방에 대한 배려와 존중이다.'와 맨 마지막 문장의 '바람직한 의사소통 문화를 형성해야 한다.'에서 언급하고 있듯이 '서로를 배려하는 의사소통 문화를 형성해야 한다.'가 윗글의 중심내용이다.

186 정답 ③

✕ 오답분석

①은 마지막 문장, ②·④는 세 번째 문장, ⑤는 첫 번째 문장을 통해 각각 확인할 수 있다.

187 정답 ①

✓ 정답분석

합리주의적인 언어 습득의 이론에 의하면, 어린이가 언어를 습득하는 것은 거의 전적으로 타고난 특수한 언어학습 능력과 일반 언어 구조에 대한 추상적인 선험적 지식에 의해서 이루어지는 것이다. 반면 경험주의 이론은 경험적인 훈련(후천적)이 핵심이므로, 반복 연습과 교정에 의해 습관을 형성한다는 ①은 경험주의적 입장이다.

188 정답 ⑤

✓ 정답분석

• 주어진 지문 다음에는 청바지의 시초에 관한 내용이 나와야 하므로 (가)가 적절하다.
• (가) 다음에는 '비록 시작은 그리 하였지만'으로 앞의 내용을 받는 (다)가 와야 한다.
• 그 다음에는 패션 아이템화의 각론으로서 한국에서의 청바지를 이야기하는 (나)가 와야 한다.
• 마지막엔 청바지가 가지고 있는 단점과 그 해결을 설명하는 (라)가 오는 것이 적절하다.
따라서 글의 알맞은 순서는 (가) – (다) – (나) – (라)이다.

189 정답 ③

✓ 정답분석

③ 마지막에서 세 번째 문장인 '하지만 적자생존이란 어떤 형태로든 잘 살 수 있는, 적응을 잘하는 존재가 살아남는다는 것이지 꼭 남을 꺾어야만 한다는 뜻은 아닙니다.'를 보면 알 수 있듯이 적자생존이라는 단어는 반드시 남을 꺾는 것만을 의미하지 않는다.

190 정답 ②

✓ 정답분석

제시된 글의 첫 번째 문장인 '세상에 개미가 얼마나 있을까를 연구한 학자가 있습니다.'에서 연구한 학자의 이론을 끌어와 설명하고 있는 것을 볼 수 있다. 따라서 직접 조사한 내용을 분류하여 제시한다는 ②는 적절하지 않다.

191 정답 ③

✓ 정답분석

③ 글쓴이는 상대방을 존중하면서도 정중하고 단호한 태도로 자신의 의견을 내세워야 한다고 주장한다.

192 정답 ③

✓ 정답분석

③ 차에서 흡연이 일어나지 않았으면 좋겠다는 자신의 의견을 정중하게 전달하면서도 상대방을 존중하여 '피우고 싶다면 차를 세워 드리겠다'고 제안하고 있다.

193 정답 ③

✓ 정답분석

③ 제시문은 과거 전통적 언론이 여론을 형성하는 '의제설정 기능'과 현재 인터넷과 SNS가 등장한 이후의 '역의제설정' 현상을 대비하여 서술하고 있다. 따라서 ㉠에는 상반되는 두 문단을 이어 줄 때 쓰는 접속 부사 '하지만'이 들어가야 한다.

194 정답 ①

✓ 정답분석

제시문은 언론의 '의제설정'과 반대 개념인 시민들의 '역의제설정'에 대한 글이다.
㉡ 일반 시민들이 SNS를 통해 문제를 제기하고 의제설정을 주도하는 역의제설정 현상이 생기게 되었다.

✕ 오답분석

㉠ 현대의 전통적 언론도 '의제설정기능'을 수행할 수 있다.
㉢ 현대 언론은 과거 언론에 비해 '의제설정기능'의 역할이 약하다.
㉣ SNS로 인해 '역의제설정' 현상이 강해지고 있다.

195 정답 ⑤

밑줄 친 부분, 즉 '고정관념'에 대한 설명이 아닌 것은 ⑤이다. '미꾸라지 한 마리가 온 물을 흐린다'는 속담은 '못된 사람 하나가 그 집단을 다 망친다.'는 뜻이다.

① 암탉이 울면 집안이 망한다 : 가정에서 아내가 남편을 제쳐 놓고 떠들고 간섭하면 집안일이 잘 안 된다는 뜻
② 여자가 셋이면 나무 접시가 든논다 : 여자가 많이 모이면 말이 많고 떠들썩하다는 뜻
③ 여자는 제 고을 장날을 몰라야 팔자가 좋다 : 여자는 집 안에서 살림이나 하고 사는 것이 가장 행복하다는 뜻
④ 여편네 팔자는 뒤웅박 팔자라 : 여자의 운명은 남편에게 매인 것이나 다름없다는 뜻

196 정답 ④

④ 쥐와 비교해서 인간의 경우는 어떨지 제시하고 있으므로 '그러면'이 적절하다.

197 정답 ④

④ 제시문은 육식 동물과 초식 동물의 차이에 관해 언급하고 있지 않다.

198 정답 ⑤

제시문에 따르면 생체모방이란 '살아 있는 생물의 행동이나 구조를 모방하거나 생물이 만들어 내는 물질 등을 모방'하는 것이다. 따라서 ⓐ의 앞 문장 질문처럼 '장미'와 같은 생물을 모방한 예가 ⓐ의 질문에 담겨야 한다. ⑤는 '갑각류' 모방에 관한 질문이므로 ⑤가 ⓐ에 적절하다.

199 정답 ⑤

⑤ (나)의 '기준은 무엇인가?'라는 질문과 질문 뒤의 문장 흐름을 보면 문화를 일정하게 평가할 수 있는 기준이 존재하지 않는다는 것을 알 수 있다.

200 정답 ③

③ ㉠의 '문화'는 정신 활동에 한정된 좁은 의미의 문화이고, ㉡의 '문화'는 자연에 대한 인간의 기술적·물질적 적응까지를 포함하는 넓은 의미의 문화이다. 따라서 ㉠은 ㉡의 부분 집합이라 할 수 있다.

201 정답 ⑤

⑤ (나)의 뒷부분에서 글쓴이는 문화의 상이한 업적에 대해 문화적 서열을 적용할 수 있는가를 묻고 있다. 이는 곧 '문화의 우열을 나누는 것이 가능한가?' 하는 문제 제기이다.

202 정답 ④

㉢은 '창조적'이지만 '부정적' 내용을 가진 것이다. ④는 과학의 진보로 인한 창조적 업적으로 볼 수 있으나, 인명 살상이라는 부정적 내용을 가졌으므로 ㉢에서 지적하는 사례에 부합된다.

203 정답 ③

두 번째 문단에서는 '레드 오션(red ocean)'에 대해 '경쟁 업체들은 소비자의 선택을 받기 위해 치열한 경쟁을 하게 된다.'라고 말하며 시장 상황을 '바다의 포식자들이 먹이를 낚아채기 위해 서로 경쟁하는 상황'에 빗대어 설명하고 있다. ㉠은 레드 오션을 한 문장으로 정리하고 있으므로 ③의 '치열한 경쟁을 벌이는 상태'가 적절하다.

① · ⑤ '블루 오션'에 대한 설명이다.
④ '퍼플 오션'에 대한 설명이다.

204 정답 ②

㉡의 '눈이 높다'는 것은 '정도 이상의 좋은 것만을 찾는 버릇이 있다.' 혹은 '안목이 높다.'는 의미의 관용구이다. 따라서 관용 표현이 사용되고 있다는 ②의 설명이 적절하다.

205

✓ 정답분석

ⓒ의 '항상'은 문장에서 주로 용언을 수식하는 부사이다. 제시문의 '소비자의 욕구는 항상 변화한다.'는 문장에서 서술어 '변화한다'를 수식하고 있다. 〈자료〉 또한 부사의 품사적 특성에 대한 설명이다. ⑤의 '바로'는 형태가 변하지 않으면서 문장의 서술어 '떠났다'를 수식하고 있으므로 부사이다.

✗ 오답분석

① '새'는 체언 '가방'을 수식하고 있는 관형사이다.
② '따뜻한'은 체언 '바람'을 수식하고 있는 관형어이며, 품사는 형용사이다.
③ '놀다'는 문장에서 서술어의 기능을 하고 있는 용언이며, 품사는 동사이다.
④ '모자'는 명사이다.

📑 고난도 문제

206

정답 ⑤

✓ 정답분석

• (가)는 종교와 과학은 자연을 움직이는 '힘'에 대해 서로 화해할 수 없는 상반된 체계 및 가정으로 설명하고 있기 때문에 둘은 양립할 수 없다는 주장을 소개하고 있다.
• (나)는 종교와 과학의 충돌은 필연적인 것이 아니고, 서로 충돌해서는 안 되며, 나아가 상호 의존적이라는 주장을 소개하고 있다.
따라서 (가)와 (나)는 내용상으로는 대조적이지만 구조상으로는 대등·병렬적이다.

207

정답 ④

✓ 정답분석

④ '최소 요구치'는 중심지 기능이 유지되기 위한 최소한의 수요를, '재화 도달 범위'는 중심지 기능이 미치는 최대의 공간 범위를 말한다. 이를 통해 중심지가 성립하기 위해서는 최소 요구치 범위가 재화 도달 범위 안에 있어야 한다는 것을 추론할 수 있다.

208

정답 ②

✓ 정답분석

첫 번째 문장에서는 신비적 경험이 살아갈 수 있는 힘으로 밝혀진다면 그가 다른 방식으로 살아야 한다고 주장할 근거는 어디에도 없다고 하였으며, 이어지는 내용은 신비적 경험이 신비주의자들에게 살아갈 힘이 된다는 근거를 제시하고 있다. 따라서 결론에 해당하는 빈칸에는 ② '신비주의자들의 삶의 방식이 수정되어야 할 불합리한 것이라고 주장할 수는 없다.'가 가장 적절하다.

209

정답 ①

✓ 정답분석

제시문은 사회 윤리의 중요성과 특징, 향후 발전 방법에 대하여 설명하고 있다.
• (가)는 현대 사회에서 대두되는 사회 윤리의 중요성에 대한 내용으로, 글 전체의 대전제이다. 나머지는 연결어로 시작하는 것도 힌트이다.
• (다)는 소전제이다. 개인의 윤리와 다른 사회 윤리의 특징에 대한 내용이다.
• (마)는 (다)에 대한 보충 설명으로 개인 윤리와 사회 윤리의 차이점에 대해 설명하고 있다.
• (라)는 (마)에 대한 보충 설명으로 개인과 사회의 차이와 특성에 대해 설명하고 있다.
• (나)는 결론의 구조를 취하고 있다.
따라서 문장의 순서는 (가) –(다) – (마) – (라) – (나)이다.

210

✓ 정답분석

제시문은 '발전'에 대한 개념을 설명하고 있다. 빈칸 앞에는 '발전'에 대해 '모든 형태의 변화가 전부 발전에 해당하는 것은 아니다.'라고 하면서 '교통신호 등'을 예로 들고 있다. 괄호 뒤에는 '사태의 진전 과정에서 나중에 나타나는 것은 적어도 그 이전 단계에 내재적으로나마 존재했던 것의 전개에 해당한다.'라고 상술하고 있다. 여기에 '발전은 선적(線的)인 특성이 있다'는 것을 고려하면, 발전이 특정한 방향성을 가진다는 것을 알 수 있다.

211

정답 ③

✓ 정답분석

③ 제시된 지문에서는 법조문과 관련된 '반대 해석'과 '확장 해석'의 개념을 "실내에 구두를 신고 들어가지 마시오."라는 팻말의 일상적인 사례를 들어 설명하고 있다.

212

정답 ②

✓ 정답분석

② 빈칸의 내용으로 인해 불꽃의 색을 분리시키는 분광 분석법이 창안되었으므로, 불꽃의 색이 여럿 겹쳐 보이는 것이 문제였음을 추론할 수 있다.

213

정답 ⑤

✓ 정답분석

①과 ④는 마지막 문장, ②는 일곱 번째 문장, ③은 다섯 번째와 여섯 번째 문장을 통해 각각 확인할 수 있다.

214

정답 ①

✓ 정답분석

멜서스의 주장에 따르면 인구가 증가하면 식량이 부족해지고, 기근, 전쟁, 전염병으로 인구가 조절된다고 주장했기 때문에 ①의 주장은 멜서스의 입장과 반대된다.

✗ 오답분석

② 멜서스는 인구 증가에 따른 부작용을 막기 위해 인구 증가를 미리 억제해야 한다고 주장한 점에서 멜서스의 인구 억제 방식은 적극적임을 알 수 있다.

③ 멜서스는 '하루 벌어 하루 먹고사는 하류계급'으로 노동자를 언급했으며, 또한 하류계급은 성욕을 참지 못한다고 극단적으로 표현한 점을 봐서 상류계급과 하류계급으로 사회 구조를 나눠서 봤음을 유추할 수 있다.

④ 멜서스는 인간의 평등과 생존권을 옹호하는 모든 사상과 이론은 '자연법칙에 위배되는 유해한' 것으로 주장했기 때문에 당대 대중 빈곤을 위해 노력했던 사람들에게 몬스터로 불렸음을 유추할 수 있다.

⑤ 멜서스의 주장은 비록 극단적인 편견으로 가득 찬 빗나간 화살이었지만, 인구구조의 변화와 그 사회현상을 새로운 시각으로 접근했다는 점에서 학문적으로 평가받을 수 있다.

215

정답 ①

✓ 정답분석

① 프리드만의 '우주는 극도의 고밀도 상태에서 시작돼 점차 팽창하면서 밀도가 낮아졌다.'라는 이론과 르메트르의 '우주가 원시 원자들의 폭발로 시작됐다.'라는 이론은 상호 모순되지 않는 이론이다. 따라서 프리드만의 이론과 르메트르의 이론은 양립할 수 없는 관계라는 해석은 제시문에 대한 이해로 바르지 않다.

216	217	218	219	220	221	222	223	224	225
②	③	①	①	③	④	④	④	③	④
226	227	228	229	230	231	232	233	234	235
③	④	③	④	②	④	②	④	③	④
236	237	238	239	240	241	242	243	244	245
①	③	④	③	④	③	③	①	②	④
246	247	248	249	250	251	252	253	254	255
①	④	②	②	④	①	②	②	②	③
256	257	258	259	260	261	262	263	264	265
③	①	②	③	③	③	③	④	④	④
266	267	268	269	270	271	272	273	274	275
②	④	②	①	②	②	④	③	④	①
276	277	278	279	280	281	282	283	284	285
④	②	④	④	②	④	③	②	②	③
286	287	288	289	290	291	292	293	294	295
③	③	④	②	④	④	④	②	④	①
296	297	298	299	300					
④	①	③	③	④					

216　　　　　정답 ②

✔ 정답분석

나래가 자전거를 탈 때의 속력을 x km/h, 진혁이가 걷는 속력을 y km/h라고 하면

$1.5(x-y)=6$ ⋯ ㉠

$x+y=6$ ⋯ ㉡

㉠과 ㉡을 연립하여 풀면 $x=5$, $y=1$이다.

따라서 나래의 속력은 5km/h이다.

217　　　　　정답 ③

✔ 정답분석

x년 후의 아버지와 아들의 나이를 각각 $(35+x)$세, $(10+x)$세라고 하면

$35+x=2(10+x)$

∴ $x=15$년 후

218　　　　　정답 ①

✔ 정답분석

분수쇼는 45분마다 시작하며, 퍼레이드는 60분마다 시작하므로 45와 60의 최소공배수를 구하여 문제를 해결할 수 있다. 45와 60의 최소공배수는 180이므로 180분=3시간마다 가능하다. 따라서 오후 12시부터 오후 6시까지 두 이벤트의 시작을 오후 1시, 오후 4시에 볼 수 있으므로 모두 2번이다.

219　　　　　정답 ①

✔ 정답분석

• 첫째 날 한 일의 양 : $\dfrac{1}{3}$

• 둘째 날 한 일의 양 : $\dfrac{2}{3} \times \dfrac{2}{5} = \dfrac{4}{15}$

• 셋째 날 해야 할 일의 양 : $1 - \dfrac{1}{3} - \dfrac{4}{15} = \dfrac{6}{15} = \dfrac{2}{5}$

∴ 셋째 날 해야 할 일의 양 : $\dfrac{2}{5} \times 100 = 40\%$

220　　　　　정답 ③

✔ 정답분석

• 1시간 동안 큰 호스로 받을 수 있는 물의 양 : 200L

• 1시간 동안 작은 호스로 받을 수 있는 물의 양 : 50L

두 종류의 호스로 100L짜리 물통을 채우는 데 걸리는 시간을 x시간이라고 하면

$(200+50) \times x = 100$

∴ $x = \dfrac{2}{5}$시간=24분

221

✔ 정답분석

- 먼저 A대학교의 전체 학생 수는 '0 이상 ~ 20 미만' 구간의 자료를 통하여 구할 수 있다.

  0.15, 즉 전체의 15%에 해당하는 인원이 24명임을 알 수 있으므로

  $0.15 : 24 = 1 : $ 전체 학생 수

  ∴ 전체 학생 수 $= 160$명

- (가)에 해당하는 수치는 합계 1에서 나머지 상대도수를 뺀 수치이다.

  ∴ (가) $= 1 - 0.15 - 0.25 - 0.2 - 0.1 = 0.3$

- '20 이상 ~ 40 미만' 구간에 해당하는 학생은 전체 학생의 0.3($= 30\%$)에 해당하므로

  $160 \times 0.3 = 48$명

따라서 해당구간의 누적도수 (나)에 해당하는 수치는 $24 + 48 = 72$명이다.

222

정답 ④

✔ 정답분석

분침이 1분에 움직이는 각도는 $\dfrac{360}{60} = 6°$이고, 시침이 1분에 움직이는 각도는 $\dfrac{360}{12 \times 60} = \dfrac{1}{2} = 0.5°$이다.

7시 x분에 반대 방향으로 직선을 이룬다고 하면,

- 시침이 움직인 각도 : $7 \times \dfrac{360}{12} + 0.5x$

- 분침이 움직인 각도 : $6x$

시침과 분침이 서로 반대 방향으로 직선을 이룬다는 것은 시침의 각도가 분침의 각도보다 $180°$ 더 크다는 것이므로,

$\left(7 \times \dfrac{360}{12} + 0.5x\right) - 6x = 180$

∴ $x = \dfrac{60}{11}$ 분

따라서 시침과 분침이 반대 방향으로 직선을 이룰 때의 시각은 7시 $\dfrac{60}{11}$ 분이다.

223

정답 ④

✔ 정답분석

위 수열은 홀수항은 $\times 4$, 짝수항은 $\times 3$씩 증가하는 규칙을 가진 건너뛰기 수열이다.

따라서 빈칸에 들어갈 수는 직전 홀수항인 256에 4를 곱한 1024이다.

224

정답 ③

✔ 정답분석

열차가 다리 또는 터널을 지날 때의 이동 거리는 (열차의 길이) +(다리 또는 터널의 길이)이다. 열차의 속력은 일정하므로 열차의 길이를 xm라고 하면,

$\dfrac{(x+240)}{16} = \dfrac{(x+840)}{40}$

→ $3x = 480$

∴ $x = 160$m

225

정답 ④

✔ 정답분석

- 20%의 소금물 300g에 들어 있는 소금의 양 :

  $\dfrac{20}{100} \times 300 = 60$g

- 15%의 소금물 200g에 들어 있는 소금의 양 :

  $\dfrac{15}{100} \times 200 = 30$g

더 넣어야 할 물의 양을 x라고 할 때,

$\dfrac{60 + 30}{300 + 200 + x} \times 100 = 10$

→ $600 + 300 = 300 + 200 + x$

∴ $x = 400$g

226

정답 ③

✔ 정답분석

막사의 수를 x개라고 하면

$4x + 3 = 5(x-1) + 2$, $4x + 3 = 5x - 3$

∴ $x = 6$

병사의 수는 $4 \times 6 + 3 = 27$명이고 한 막사에 9명씩 3개의 막사에 들어갈 수 있으므로 남는 막사는 $6 - 3 = 3$개이다.

227

정답 ④

✔ 정답분석

연수가 구입한 물건 한 개의 가격을 x원, 할인율을 $y\%$라고 하면 물건 100개의 원가는 $100x$원이고, 판매한 가격은

$50 \times 1.25 \times x + 50 \times 1.25 \times \left(1 - \dfrac{y}{100}\right) \times x$원이다.

연수가 물건을 다 팔았을 때 본전이 되었으므로 판매가=원가이다.

$100x = 50 \times 1.25 \times x + 50 \times 1.25 \times \left(1 - \dfrac{y}{100}\right) \times x$,

$2 = 1.25 + 1.25 \times \left(1 - \dfrac{y}{100}\right) \times x$, $3 = 5 - \dfrac{y}{20}$

∴ $x = 40$

따라서 할인율은 40%이다.

PART 04 | 자료해석 **187**

228

정답 ③

✔ **정답분석**

- 동수가 혼자 하루 동안 할 수 있는 일의 양 : $\frac{1}{8}$

- 세찬이가 혼자 하루 동안 할 수 있는 일의 양 : $\frac{1}{9}$

둘이 함께 프라모델을 만든 날의 수를 x일이라고 할 때,

$$\frac{1}{8}+\left(\frac{1}{8}+\frac{1}{9}\right)\times x+\frac{1}{9}=1$$

$$\rightarrow 17x=55$$

$$\therefore x=\frac{55}{17} \text{일}$$

229

정답 ④

✔ **정답분석**

귤이 안 익었을 때의 확률이 10% $\rightarrow \frac{10}{100}$, 썩었을 때의 확률이 15% $\rightarrow \frac{15}{100}$ 이므로

- 잘 익은 귤을 꺼낼 확률: $1-\left(\frac{10}{100}+\frac{15}{100}\right)=\frac{75}{100}$

- 썩거나 안 익은 귤을 꺼낼 확률: $\frac{10}{100}+\frac{15}{100}=\frac{25}{100}$

따라서 한 사람은 잘 익은 귤을 꺼내고 다른 한 사람은 썩거나 안 익은 귤을 꺼낼 확률은

$2\times\frac{75}{100}\times\frac{25}{100}=0.375 \rightarrow 37.5\%$이다.

230

정답 ②

✔ **정답분석**

(1) B와 E 사이에 1명이 있는 경우
- B와 E 사이에 A, C, D 중 1명을 골라 줄을 세우는 방법
  : $_3P_1$ 가지
- B와 E 그리고 사이에 있는 1명을 한 묶음으로 생각하여 전체를 줄 세우는 방법 : 3!가지
- B와 E가 자리를 바꾸는 방법 : 2가지
- → B와 E 사이에 1명이 있도록 하는 경우의 수
  : $_3P_1\times3!\times2=3\times(3\times2\times1)\times2=36$가지

(2) B와 E 사이에 2명이 있는 경우
- B와 E 사이에 A, C, D 중 2명을 골라 줄을 세우는 방법
  : $_3P_2$ 가지
- B와 E 그리고 사이에 있는 2명을 한 묶음으로 생각하여 전체를 줄 세우는 방법 : 2!가지
- B와 E가 자리를 바꾸는 방법 : 2가지
- → B와 E 사이에 2명이 있도록 하는 경우의 수
  : $_3P_2\times2!\times2=(3\times2)\times(2\times1)\times2=24$가지

따라서 구하려는 경우의 수는 모두 36+24=60가지이다.

231

정답 ④

✔ **정답분석**

④ 총 생산 규모를 구해보면 A업체는 13,002개, B업체는 10,679개, C업체는 2,020개, D업체는 6,328개, E업체는 2,468개이다. 따라서 총 생산 규모가 가장 큰 곳은 A업체이다.

✘ **오답분석**

① C4 품목의 전체 생산량에 대한 A업체와 D업체의 비중은 각각 17.1%, 10.2%이다. 이들의 차이는 약 6.9%이다.
② C6 품목의 생산량이 500개 이상인 업체는 A, B, D업체이다.
③ 각 업체별 총 생산 규모에 대한 C2 품목의 비중을 구해서 비교를 해보면, D업체의 C2 품목에 대한 생산 집중도가 가장 높다. (A업체 : 44.8%, B업체 : 40.6%, C업체 : 49.5%, D업체 : 55.9%, E업체 : 0%)

232

정답 ②

✔ **정답분석**

콘서트를 관람할 친구들의 수를 x명이라고 하면

$$50,000x \geq 15\times50,000\times\left(1-\frac{15}{100}\right)$$

$$\therefore x \geq 15\times\frac{85}{100}=12.75\text{명}$$

따라서 13명 이상이면 단체관람권을 사는 것이 개인관람권을 구매하는 것보다 유리하다.

233

정답 ③

✔ **정답분석**

각각의 구매방식별 비용을 구하면 다음과 같다.
- 배달주문 앱 : 12,500원×0.8=10,000원
- 전화 : (12,500원−500원)×0.9=10,800원
- 회원카드와 쿠폰 : (12,500원×0.9)×0.85 ≒ 9,563원
- Take out : (12,500원×0.7)+1,300원=10,050원

따라서 보쌈 1set를 가장 싸게 살 수 있는 구매방식은 회원카드와 쿠폰을 이용하는 방법이다.

234

정답 ③

✔ **정답분석**

$\therefore$ 6가지

235

정답 ④

✔ 정답분석

A, B의 일의 자리 숫자를 a라 하고, 십의 자리 숫자는 A가 B보다 1만큼 작으므로 B의 십의 자리 숫자를 b라 하면 A의 십의 자리 숫자는 $(b-1)$이다.

→ $A+B=10(b-1)+a+10b+a=20b+2a-10$

두 자연수의 합이 최대가 되어야 하므로 $a=9$, $b=9$를 대입하면

$A+B=20b+2a-10=20\times9+2\times9-10$
$\qquad\qquad=180+18-10=188$

따라서 $A+B$의 최댓값은 188이다.

236

정답 ①

✔ 정답분석

건물마다 각 층의 바닥 면적이 동일하다고 하였으므로 건물의 층수는 연면적을 건축면적으로 나누어 구한다.

① $\dfrac{\text{건축면적}}{300}\times100=50$

→ 건축면적$=150$

∴ 건물의 층수 : $600\div150=4$층

✘ 오답분석

② $\dfrac{\text{건축면적}}{300}\times100=60$

→ 건축면적$=180$

∴ 건물의 층수 : $1,080\div180=6$층

③ $\dfrac{\text{건축면적}}{300}\times100=70$

→ (건축면적)$=210$

∴ 건물의 층수 : $1,260\div210=6$층

④ $\dfrac{\text{건축면적}}{200}\times100=60$

→ (건축면적)$=120$

∴ 건물의 층수 : $720\div120=6$층

237

정답 ③

✔ 정답분석

• 바레니클린의 1정당 본인 부담금 : $1,767-1,000=767$원

∴ 하루에 2정씩 총 28일을 복용할 때의 본인 부담금
   : $767\times2\times28=42,952$원

• 금연 패치는 하루에 1,500원이 지원되므로 본인 부담금이 없다.

238

정답 ④

✔ 정답분석

(가) $\dfrac{2,574}{7,800}\times100=33\%$

(나) $\dfrac{764}{1,149}\times100≒66.5\%$

239

정답 ③

✔ 정답분석

③ 소나무재선충병에 대한 방제는 2016년과 2017년 사이에 $42-27=15$건 증가하였고, 2019년과 2020년 사이에 $61-40=21$건이 증가하는 등 조사 기간 내 두 차례의 큰 변동이 있었다.

✘ 오답분석

① 기타병해충에 대한 방제 현황은 2020년을 제외하고 매해 첫 번째로 큰 비율을 차지한다.

② 매해 솔잎혹파리가 차지하는 방제 비율은 다음과 같다.

• 2016년 : $\dfrac{16}{117}\times100≒14\%$

• 2017년 : $\dfrac{13}{135}\times100≒10\%$

• 2018년 : $\dfrac{12}{129}\times100≒9\%$

• 2019년 : $\dfrac{9}{116}\times100≒8\%$

• 2020년 : $\dfrac{6}{130}\times100≒5\%$

방제 비율이 2016년과 2017년에는 10% 이상이므로 틀린 설명이다.

④ 2018년과 2020년에 소나무재선충병은 각각 전년도에 비해 증가하였으나 기타병해충은 감소하였으므로 동일한 증감 추이를 보이지 않는다.

240

정답 ④

✔ 정답분석

㉠ 2차 구매 시 1차와 동일한 제품을 구매하는 사람들이 다른 어떤 제품을 구매하는 사람들보다 최소한 1.5 ~ 2배 이상 높은 것으로 나타났다.

㉢ 1차에서 C를 구매한 사람들은 전체 구매자들(541명) 중 37.7%(204명)로 가장 많았고, 2차에서 C를 구매한 사람들은 전체 구매자들 중 42.7%(231명)로 가장 많았다.

✘ 오답분석

㉡ 1차에서 A를 구매한 뒤 2차에서 C를 구매한 사람들은 44명, 반대로 1차에서 C를 구매한 뒤 2차에서 A를 구매한 사람은 17명이므로 전자의 경우가 더 많다.

241

✔ 정답분석

③ 삶의 만족도가 한국보다 낮은 국가는 에스토니아, 포르투갈, 헝가리이다. 세 국가의 장시간 근로자 비율 산술평균은 $\frac{3.6+9.3+2.7}{3}=5.2\%$이다. 이탈리아의 장시간 근로자 비율은 5.4%이므로 옳지 않은 설명이다.

✗ 오답분석

① 삶의 만족도가 가장 높은 국가는 덴마크이며, 덴마크의 장시간 근로자 비율이 가장 낮음을 자료에서 확인할 수 있다.
② 삶의 만족도가 가장 낮은 국가는 헝가리이며, 헝가리의 장시간 근로자 비율은 2.7%이다.
　 $2.7\times10=27<28.1$이므로 한국의 장시간 근로자 비율은 헝가리의 장시간 근로자 비율의 10배 이상이다.
④ • 여가·개인 돌봄시간이 가장 긴 국가 : 덴마크
　 • 여가·개인 돌봄시간이 가장 짧은 국가 : 멕시코
　 두 국가의 삶의 만족도 차이는 $7.6-7.4=0.2$점이므로 0.3점 이하이다.

242

정답 ③

✔ 정답분석

매년 조사대상의 수는 동일하게 2,500명이므로 비율의 누적 값으로만 판단한다. 3년간의 월간 인터넷 쇼핑 이용 누적 비율을 구하면 다음과 같다.
• 1회 미만 : $30.4+8.9+18.6=57.9\%$
• 1회 이상 2회 미만 : $24.2+21.8+22.5=68.5\%$
• 2회 이상 3회 미만 : $15.9+20.5+19.8=56.2\%$
• 3회 이상 : $29.4+48.7+39.0=117.1\%$
따라서 두 번째로 많이 응답한 인터넷 쇼핑 이용 빈도수는 1회 이상 2회 미만이다.

✗ 오답분석

① 주어진 표를 보고 알 수 있다.
② 2020년 월간 인터넷 쇼핑을 3회 이상 이용했다고 응답한 사람은 $2,500\times0.487=1,217.5$명이다.
④ 매년 조사 대상이 2,500명으로 동일하므로 비율만 비교한다. 2021년 월간 인터넷 쇼핑을 2회 이상 3회 미만 이용했다고 응답한 비율은 19.8%이고, 1회 미만 이용했다고 응답한 비율은 8.9%이다. 따라서 $8.9\times2=17.80$이므로 2배 이상 많다.

243

정답 ①

✔ 정답분석

1인당 1시간 이용료와 샤워시설 유무에 따른 풋살구장의 이용객 호감도를 정리하면 다음과 같다.

1인당 1시간 이용료	샤워시설	호감도
7,500원	유	$4.0+3.3=7.3$
	무	$4.0+1.7=5.7$
9,000원	유	$3.0+3.3=6.3$
	무	$3.0+1.7=4.7$
12,000원	유	$0.5+3.3=3.8$
	무	$0.5+1.7=2.2$

따라서 이용객 호감도가 세 번째로 큰 조합은 1인당 1시간 이용료가 '7,500원'이고, 샤워시설 유무가 '무'인 조합임을 알 수 있다.

244

정답 ②

✗ 오답분석

㉠ 2018년은 3월, 2019·2020년은 2월에 가장 많은 인구가 이동을 했다.
㉢ 2019년에 인구이동이 가장 적었던 시기는 9월이다.

245

정답 ④

✔ 정답분석

㉠ A학과의 면접성공률은 40%이고 A학과와 B학과를 합한 전체 면접성공률은 약 37%이므로 옳지 않은 내용이다.
㉢ 서류합격 횟수는 A학과가 B학과의 2.2배이지만, 최종합격 횟수는 약 2.9배이므로 옳지 않은 내용이다.

✗ 오답분석

㉡ 2021년 B학과의 면접성공률은 60%이고, 2020년의 면접성공률은 30%이므로 옳은 내용이다.

246

정답 ①

✔ 정답분석

① 주어진 식에 따르면 $\frac{5,396}{24,151}\times100\fallingdotseq22.3\%$이다.

✗ 오답분석

② $\frac{x}{25,802}\times100=22.2$이므로
　 $x=\frac{22.2\times25,802}{100}\fallingdotseq5,728$명이다.

③ $\dfrac{x}{25,725} \times 100 = 22.2$이므로

$x = \dfrac{22.2 \times 25,725}{100} ≒ 5,711$명이다.

④ $\dfrac{5,547}{x} \times 100 = 22.1$이므로

$x = \dfrac{5,547 \times 100}{22.1} ≒ 25,100$명이다.

247
정답 ④

주어진 정보를 토대로 자료를 정리하면 다음과 같다.

구 분	상반기	하반기	합 계
A유격장	48	72	120
B유격장	6	54	60
합 계	54	126	180

따라서 2020년 하반기 B유격장에서 실시된 유격훈련 건수는 54건이다.

248
정답 ②

② 2016년 이후 여성경제활동인구는 지속해서 증가하였다. 그러나 경제활동인구 수는 취업자 수와 실업자 수의 합이므로 여성취업자 수가 증가했는지는 알 수 없다.

① 제시된 자료를 통해 확인할 수 있다.

③ 2010 ~ 2019년 여성경제활동참가율은 49%에서 약 50.3% 사이의 수치를 보이므로, 50% 수준에서 정체된 상황을 보인다고 할 수 있다.

④ 여성경제활동참가율이 전년보다 가장 많이 감소한 해는 2016년으로 이 해에 여성경제활동인구는 2015년보다 감소하였다.

249
정답 ②

② 2019년 연평균 자외선 복사량이 가장 높은 지역은 E지역이다.

E지역의 6년간 평균 자외선 복사량은

$\dfrac{108.3 + 145.1 + 140.1 + 124.9 + 124.7 + 122.5}{6}$

$= \dfrac{765.6}{6} = 127.6$mW/cm²이다.

① B지역, C지역, D지역의 경우 2017년에 자외선 복사량 수치가 가장 높았다. 그러나 A지역의 경우 2015년, E지역의 경우 2016년에 자외선 복사량 수치가 가장 높았다.

③ 자외선 복사량이 가장 낮게 관측된 곳은 2019년 B지역이고, 가장 높게 관측된 곳은 2016년 E지역이다.

④ 2017년 연평균 자외선 복사량이 가장 낮았던 지역은 B지역이다. B지역의 6년간 자외선 복사량의 평균은

$\dfrac{100.3 + 102.3 + 114.7 + 107.9 + 93.4 + 96.6}{6}$

$= \dfrac{615.2}{6} ≒ 102.5$mW/cm²이다.

250
정답 ④

문제에서 주어진 인구와 분포를 토대로 각 소속대대별 인원수를 계산하면 다음과 같다.

신 분 \ 소속대대	헌병대대	정보통신대대	시설대대
일반 병사(200명)	30	110	60
간부(300명)	126	90	84
총 합	156	200	144

ⓛ 시설대대 인원은 144명이며 헌병대대 인원은 156명이므로 옳은 내용이다.

ⓔ 변화된 조건에 의해 각 소속대대별 인원수를 계산하면 다음과 같다.

신 분 \ 소속대대	헌병대대	정보통신대대	시설대대
일반 병사(200명)	30	55	115
간부(300명)	126	90	84
총 합	156	145	199

A여단 전체 인원 500명의 40%는 200명이다. 시설대대의 전체 인원 199명은 200명보다 적으므로 옳은 내용이다.

ⓒ 헌병대대 일반 병사 수는 30명이며 정보통신대대 간부 수는 90명이므로 옳지 않은 내용이다.

ⓒ 시설대대의 일반 병사 수는 60명이고 간부 수는 84명이므로 옳지 않은 내용이다.

251 정답 ①

① 2012 ~ 2021년 중 최대 수출실적을 기록한 해는 2021년이다. 그러나 2021년 국내 생산과 내수 판매는 2020년에 비해 모두 감소하였다.

③ • 2012년 수출 금액 : 약 250억 불
   • 2021년 수출 금액 : 약 750억 불
   ∴ 2012년 대비 2021년의 수출 금액 증가율 :
   $$\frac{750-250}{250} \times 100 = 200\%$$

252 정답 ②

② 아내의 총 양육활동 참여시간은 금요일에 663분이고, 토요일에 763분으로 증가하였다.

① 토요일에 남편의 참여시간이 가장 많았던 양육활동 유형은 73분으로 정서활동이다.
③ 남편의 양육활동 참여시간을 요일별로 합하면 금요일에는 총 46분이었고, 토요일에는 총 140분이었다.
④ 아내의 양육활동 유형 중 금요일에 비해 토요일에 참여시간이 감소한 것은 가사, 의료간호, 교육활동이며, 이 중 가장 많이 감소한 것은 교육활동이다.

253 정답 ②

㉠ D의 평균 이용시간을 구하면 5.2시간이므로 평균 이용시간이 긴 SNS부터 순서대로 나열하면 C(5.6시간), D(5.2시간), A(5.0시간), B(4.8시간)이다. 따라서 옳은 내용이다.
㉢ '백호'의 B와 D의 이용시간 차이는 2시간이며 나머지 사람은 이용시간의 차이가 없으므로 옳은 내용이다.

㉡ '덕규'의 C에 대한 이용시간을 구하면 6시간이므로 C에 대한 '태섭'과 '덕규'의 이용시간 차이는 1시간이고, B는 2시간이다. 따라서 B에 대한 이용시간이 더 크므로 옳지 않은 내용이다.
㉣ C의 평균 이용시간(5.6시간)보다 C의 이용시간이 긴 사람은 '백호'(6.0시간), '대협'(7.0시간), '덕규'(6.0시간)이므로 옳지 못한 내용이다.

254 정답 ②

② 2018년 공공연구소의 기술이전 건수와 2020년 대학의 기술이전 건수는 전년도에 비해 감소했다.

① 공공연구소의 기술료가 대학의 기술료보다 낮은 해는 한 번도 없었다.
③ 32,687÷6,877 ≒ 4.75배
④ 전체 건당 기술료는 2015년에 43.5백만 원으로 가장 높았다는 것을 알 수 있다.

255 정답 ③

③ 2022년의 인상률이 10%라고 가정하면, 2022년의 봉급은 2021년의 봉급의 1.1배가 된다. 따라서 일병 계급의 봉급은 140×1.1=154천 원이다.

① 모든 계급이 동일한 인상률을 가진다고 가정했으므로, 전년 대비 2019년 봉급 인상률을 병장 계급의 봉급을 기준으로 구하면, $\frac{129.6-108}{108} \times 100 = 20\%$이다.
② 병장 계급의 봉급을 기준으로, 전년 대비 인상률을 구하면 다음과 같다.
   • 2017년 : $\frac{103.8-97.5}{97.5} \times 100 ≒ 6.5\%$
   • 2018년 : $\frac{108-103.8}{103.8} \times 100 ≒ 4.0\%$
   • 2019년 : $\frac{129.6-108}{108} \times 100 = 20\%$
   • 2020년 : $\frac{149-129.6}{129.6} \times 100 ≒ 15.0\%$
   • 2021년 : $\frac{171.4-149}{149} \times 100 ≒ 15.0\%$
④ 2019년의 전년 대비 봉급 인상률은 20%이다. 따라서 2019년 상병 계급의 봉급은 97.5×(1+0.2)=117천 원이다.

256 정답 ③

③ 20년간 영화관을 제외한 미디어들은 수익규모가 14,400÷1,900 ≒ 7.5배 가까이 증가하였다.

① 미국 외 영화관 수입과 해외 TV를 통해 벌어들이는 달러 수익이 크게 증가하였다.

② 영화관에서 영화를 감상하는 비율은 줄어들고, 홈비디오를 통한 영화감상 비율이 크게 증가하였다.

④ 20년간 영화관은 미국 영화산업의 주요한 수익원 중 하나였다.

257 　정답 ①

✓ 정답분석

① 2015년 A국(2.2%), B국(3.0%), E국(6.5%)의 실질 성장률은 각각 2014년 A국(1.0%), B국(0.6%), E국(1.5%)에 비해 2배 이상 증가하였으므로 옳은 내용이다.

✗ 오답분석

② 2014년 실질 성장률이 가장 높은 국가는 G국(4.3%)이고 2015년은 E국(6.5%)이므로 둘은 서로 다르다. 따라서 옳지 않다.

③ B국의 경우 2011년 실질 성장률(7.9%)은 2010년(5.3%)에 비해 증가하였으므로 옳지 않은 내용이다.

④ 2012년 대비 2013년 실질 성장률이 5% 이상 감소한 국가는 A국, D국, E국, G국 총 4개이므로 옳지 않다.

258 　정답 ②

✓ 정답분석

• 평균 통화 시간이 6~9분인 여자 수 : $400 \times \frac{18}{100} = 72$명

• 평균 통화 시간이 12분 이상인 남자 수 : $600 \times \frac{10}{100} = 60$명

∴ $\frac{72}{60} = 1.2$배

평균 통화시간이 6~9분인 여자 수는 12분 이상인 남자 수의 1.2배이다.

259 　정답 ③

✓ 정답분석

㉠ 연령대가 높아질수록 S사 선호비율은 A국이 30%에서 40%로, B국이 20%에서 35%로 높아지고 있으므로 옳은 내용이다.

㉡ 40~50대의 스포츠브랜드 선호비율 순위는 A국과 B국이 모두 P사 – S사 – N사의 순으로 동일하므로 옳은 내용이다.

㉢ 연령대가 높은 집단일수록 N사 선호비율은 B국(25%)보다 A국(40%)에서 더 큰 폭으로 증가하므로 옳은 내용이다.

✗ 오답분석

㉣ B국그룹과 A국그룹 내에서의 비율 자료만으로 B국과 A국의 실수치를 비교할 수 없다.

260 　정답 ③

✓ 정답분석

인구 천 명당 병상 수가 1.8로 가장 적은 2020년의 비중도 약 16.8로 10%를 넘는다. 따라서 옳지 않은 설명이다.

✗ 오답분석

① 표를 통해 쉽게 확인할 수 있다.

② 2019년 천 명당 치과·한방병원이 보유하고 있는 병상 수는 0.2개인데 전체는 천 명당 10.2개이므로 그 비율은 약 1.96%이다. 따라서 2019년 전체 병상 수 498,302개 중 치과·한방병원의 병상 수는 약 9,766개이다. 복잡해 보이지만 치과·한방병원의 인구 천 명당 병상 수 0.2개, 천 명당 전체 병상 수 10.2개의 비율이 2% 정도라는 수치만 보면 만 개가 넘지 않는다는 것을 쉽게 파악할 수 있다.

④ 병원 수가 늘어났다면 한 병원에 1개의 병상만 있는 것이 아니므로 늘어난 수치보다 병상 수가 증가해야 하는데 병원 수가 5% 늘어났다면 병상 수는 최소 5% 이상 증가해야 하므로 옳은 판단이다.

261 　정답 ③

✓ 정답분석

③ 시 본청을 제외하고 정책제안이 가장 많은 곳은 남구이다 (총 7건).

✗ 오답분석

① 전체 게시글 빈도는 문제지적(35.5%), 문의(31.1%), 청원(28.5%), 정책제안(2.5%), 기타(2.3%)의 순으로 많다.

② 문의의 비중이 가장 높은 지역은 옹진군(60.6%)이다.

④ 시 본청을 제외하고 청원에서 계양구가 차지하는 비중(47.1%)이 가장 높다.

262 　정답 ③

✓ 정답분석

③ 남자 합격자 수는 1,003명, 여자 합격자 수는 237명이고, $1,003 \div 237 ≒ 4.23$배이므로, 남자 합격자 수는 여자 합격자 수의 5배 미만이다.

✗ 오답분석

④ 경쟁률 = $\frac{지원자 수}{모집 정원}$ 이므로, B집단의 경쟁률은 $\frac{585}{370} = \frac{117}{74}$ 이다.

263 정답 ④

④ 사회복귀교육 지원 수는 2018년에 가장 적었다.

② 선그래프로 나타낸 상담실적은 2018년까지 연도에 따라 증가함을 볼 수 있으나 막대그래프로 표현된 사회복귀교육 지원 수는 점점 감소함을 알 수 있다.

③ 2019년에서 2020년 사이에 사회복귀교육 지원을 받은 제대 군인의 수는 약 2,500명이 증가하였고 가장 큰 수치이다.

264 정답 ④

먼저 〈표〉의 빈칸을 채우면 다음과 같다.

구분	투표가능인원	투표 상황		투표 결과	
		미투표자	투표자	(가)당	(나)당
A시	19,699	(1,564)	18,135	(14,362)	3,773
B시	40,830	(8,781)	32,049	23,637	(8,412)

④ A시의 '투표가능인원' 건수 대비 '미투표자' 수의 비율은 약 8%이고, B시는 약 21.5%이다. 따라서 옳은 내용이다.

① (가)당 득표 인원수는 B시가 A시에 비해 많지만, A시의 (가)당의 득표 비율은 약 79.2%이고, 약 73.8%이므로 A시가 더 높다

② A시의 '미투표자'는 1,564명이고, B시의 '미투표자'는 8,781명이므로 B시가 A시의 5배를 넘는다.

③ B시의 (가)당 득표 인원은 23,637명이고 '투표가능인원'은 40,830명이므로 전자가 후자의 절반을 넘는다.

265 정답 ④

- (가) : 723-(76+551)=96명
- (나) : 824-(145+579)=100명
- (다) : 887-(137+131)=619명
- (라) : 114+146+688=948명
∴ (가)+(나)+(다)+(라) : 96+100+619+948=1,763명

266 정답 ②

② 2012년 강북의 주택전세가격을 100이라고 하면 그래프는 전년 대비 증감률을 나타내므로 2013년에는 약 5% 증가해 $100 \times 1.05 = 105$이고, 2014년에는 전년 대비 약 10% 증가해 $105 \times 1.1 = 115.5$라고 할 수 있다.

따라서 2014년 강북의 주택전세가격은 2012년 대비 약 $\frac{115.5-100}{100} \times 100 = 15.5\%$ 증가했다고 볼 수 있다.

① 전국 주택전세가격의 증감률은 2011년부터 2020년까지 모두 양의 부호(+) 값을 가지고 있으므로 매년 증가하고 있다고 볼 수 있다.

③ 그래프를 보면 2017년 이후 서울의 주택전세가격 증가율이 전국 평균 증가율보다 높은 것을 알 수 있다.

④ 그래프를 통해 강남 지역의 주택전세가격 증가율이 가장 높은 시기는 2014년임을 알 수 있다.

267 정답 ④

각 연령대를 기준으로 남성과 여성의 인구비율을 계산하면 다음과 같다.

구 분	남 성	여 성
0~14세	$\frac{323}{627} \times 100 = 51.5\%$	$\frac{304}{627} \times 100 = 48.5\%$
15~29세	$\frac{453}{905} \times 100 = 50.1\%$	$\frac{452}{905} \times 100 = 49.9\%$
30~44세	$\frac{565}{1,110} \times 100 = 50.9\%$	$\frac{545}{1,110} \times 100 = 49.1\%$
45~59세	$\frac{630}{1,257} \times 100 = 50.1\%$	$\frac{627}{1,257} \times 100 = 49.9\%$
60~74세	$\frac{345}{720} \times 100 = 47.9\%$	$\frac{375}{720} \times 100 = 52.1\%$
75세 이상	$\frac{113}{309} \times 100 = 36.6\%$	$\frac{196}{309} \times 100 = 63.4\%$

남성 인구가 40% 이하인 연령대는 75세 이상(36.6%)이며, 여성 인구가 50%를 초과한 연령대는 60~74세(52.1%)와 75세 이상(63.4%)이다. 따라서 ④가 적절하다.

268

정답 ②

② 13 ~ 18세의 청소년은 '공부(53.1%)'를 가장 많이 고민하고 있으며, 19 ~ 24세는 '공부(16.2%)'를 두 번째로 많이 고민하고 있다.

269

정답 ①

- 주말 입장료 : $15,000+11,000+20,000 \times 2+20,000 \times \frac{1}{2}=76,000$원

- 주중 입장료 : $13,000+10,000+18,000 \times 2+18,000 \times \frac{1}{2}=68,000$원

따라서 요금 차이는 $76,000-68,000=8,000$원이다.

270

정답 ②

② 2017년 B국 여행자 수 : $23,500,000 \times 0.24=5,640,000$명

① 2015년 대비 2020년 B국 여행자 수의 감소폭 :
$6,049,000-5,718,000=331,000$명
③ 전년 대비 2018년 전체 해외출국자 수의 증가폭 :
$23,829,000-23,500,000=329,000$명
④ 2016년 전체 해외출국자 수 :
$5,970,000 \div 0.25=23,880,000$명

271

정답 ②

② 2016 ~ 2018년까지는 여성 경제 활동 인구가 증가하는 추세였지만 2019년 전년 대비 63천 명이 감소하여 여성 경제 활동 인구가 해마다 조금씩 늘고 있다는 것은 적절하지 않다.

① 15세 이상 여성 인구의 수는 2016년부터 2021년까지 해마다 증가하고 있다.
③ 2018년 여성 경제 활동 참가율은 $\frac{10,139}{20,273} \times 100 ≒ 50\%$로 2016년부터 2019년까지 감소했다가 2020년부터 다시 증가하고 있다.
④ 제시된 표의 내용으로는 여성들이 어떠한 분야에서 활동하고 있는지 구체적인 내용은 알 수 없다.

272

정답 ④

퇴근 시간대인 16:00 ~ 20:00에 30대 및 40대의 누락된 유동인구 비율을 찾아낸 뒤 100,000명을 곱하여 설문조사 대상 인원수를 산출한다.

구 분	10대	20대	30대	40대	50대	60대	70대	소계
08:00 ~ 12:00	1	1	3	4	1	0	1	11
12:00 ~ 16:00	0	2	3	4	3	1	0	13
16:00 ~ 20:00	4	3	10	11	2	1	1	32
20:00 ~ 24:00	5	6	14	13	4	2	0	44
소 계	10	12	30	32	10	4	2	100

16:00 ~ 20:00에 명동을 지나가는 30 ~ 40대의 직장인 비율은 21%이고, 설문지는 최소 $100,000 \times 0.21=21,000$장이 필요하다.

273

정답 ③

- (2013 · 2014년의 평균) : $\frac{826.9+806.9}{2}=816.9$만 명

- (2019 · 2020년의 평균) : $\frac{796.3+813.0}{2}=804.65$만 명

→ $816.9-804.65=12.25$만 명
따라서 평균의 차이는 12.25만 명이다.

274

정답 ④

- A : 300억 $\times 0.01=3$억 원
- B : 2,000CMB $\times 20,000$원 $=4$천만 원
- C : 500톤 $\times 80,000$원 $=4$천만 원
∴ (전체 지급금액) $=3$억 원 $+4$천만 원 $+4$천만 원
 $=3$억 8천만 원

275 정답 ①

전년 대비 매출액이 증가한 해는 2015년, 2017년, 2019년, 2020년이다. 연도별 전년 대비 매출액 증가율을 구하면 다음과 같다.

- 2015년 : $\frac{6-3}{3} \times 100 = 100\%$

- 2017년 : $\frac{8-5}{5} \times 100 = 60\%$

- 2019년 : $\frac{7-4}{4} \times 100 = 75\%$

- 2020년 : $\frac{10-7}{7} \times 100 ≒ 42.86\%$

따라서 전년 대비 매출액 증가율이 가장 컸던 해는 2015년이다.

276 정답 ④

④ 2018년과 2019년, 2020년에 조달청 위탁 구매가 크게 증가하고 있는데, 이것은 계약의 투명성 및 효율성 확보를 위한 확대 추진으로 해석할 수 있다.

① 2017년에는 전년보다 중앙조달과 부대조달 모두 증가하였다.
② 매년 가장 적은 계약 집행액에 해당하는 것은 부대조달이다.
③ 부대조달에 의한 계약 집행액은 2018년에 가장 많았다.

277 정답 ②

- 2018년 총 투약일수가 120일인 경우 종합병원의 총 약품비 : $2,025 \times 120 = 243,000$원
- 2019년 총 투약일수가 150일인 경우 상급종합병원의 총 약품비 : $2,686 \times 150 = 402,900$원

따라서 구하는 값은 $243,000 + 402,900 = 645,900$원이다.

278 정답 ④

- 효과성 수치를 구해보면 $A = \frac{500}{(가)}$, $B = \frac{1,500}{1,000} = 1.5$,

$C = \frac{3,000}{1,500} = 2$, $D = \frac{800}{1,000} = 0.8$이다.

효과성 순위에서 A는 3번째이므로,

$0.8 < \frac{500}{(가)} < 1.5 \rightarrow 333.33\cdots < (가) < 625$이다.

- 효율성 순위에서 B는 1번째이므로,

$A < B \rightarrow \frac{500}{200+50} < \frac{1,500}{(나)+200} \rightarrow (나)+200 < 750$

$\rightarrow (나) < 550$

따라서 ④가 적절하다.

279 정답 ④

④ 침해유형별 '있음'으로 응답한 비율의 전년 대비 2020년의 증감률을 구하면 다음과 같다.

- 개인정보 무단수집 : $\frac{44.4-59.7}{59.7} \times 100 ≒ -25.63\%$

- 과도한 개인정보 수집 : $\frac{31.3-44.6}{44.6} \times 100 ≒ -29.82\%$

- 목적 외 이용 : $\frac{20.5-26.6}{26.6} \times 100 ≒ -22.93\%$

- 제3자에게 제공 : $\frac{36.1-47.0}{47.0} \times 100 ≒ -23.19\%$

- 개인정보 미파기 : $\frac{22.7-33.1}{33.1} \times 100 ≒ -31.42\%$

- 주민등록번호 도용 : $\frac{17.1-28.8}{28.8} \times 100 ≒ -40.63\%$

- 개인정보 유출 : $\frac{46.7-49.9}{49.9} \times 100 ≒ -6.41\%$

따라서 2020년 '있음'으로 응답한 비율의 전년 대비 감소율이 가장 큰 침해유형은 '주민등록번호 도용'이다.

① '있음'으로 응답한 비율이 큰 침해유형부터 순서대로 나열하면 다음과 같다.
- 2019년 : 개인정보 무단수집 – 개인정보 유출 – 제3자에게 제공 – 과도한 개인정보 수집 – 개인정보 미파기 – 주민등록번호 도용 – 목적 외 이용
- 2020년 : 개인정보 유출 – 개인정보 무단수집 – 제3자에게 제공 – 과도한 개인정보 수집 – 개인정보 미파기 – 목적 외 이용 – 주민등록번호 도용
따라서 2019년과 2020년의 순서는 다르다.
② 2020년 '개인정보 무단수집'을 '있음'으로 응답한 비율은 44.4%, '개인정보 미파기'를 '있음'으로 응답한 비율은 22.7%이다. 따라서 $22.7 \times 2 = 45.4$이므로 2배 이상이라는 설명은 옳지 않다.
③ 2020년 '개인정보 유출'을 '모름'이라고 응답한 비율은 전년보다 감소하였다.

280 정답 ②

✓ 정답분석

② 15~64세 인구는 2011년까지 증가하였다가 이후 감소 추세를 보이고 있다.

✗ 오답분석

① 제시된 자료를 통해 0~14세 인구가 지속적으로 감소함을 알 수 있다.

③ • 2000년 65세 이상 인구 구성비 : 7.2%
   • 2050년 65세 이상 인구 구성비 : 38.2%
   → $38.2 \div 7.2 ≒ 5.31$배

④ 제시된 자료를 통해 알 수 있다.

281 정답 ④

✓ 정답분석

④ 2004년 대비 2009년 GOP/해강안 소초(동) 사업예산의 증가율은

$$\frac{1,650-800}{800} \times 100 = \frac{850}{800} \times 100 = 106.25\%이다.$$

✗ 오답분석

① 제시된 자료를 보면 육군생활관(대대)의 사업예산은 2006년까지 4,882억 원까지 증가했다가 2007년과 2008년에 감소하였고 이후 지속해서 증가하는 양상을 보였다.

② 해·공군 생활관(동)의 개선실적이 가장 많았던 해는 2011년이다.
   • 2011년 육군생활관(대대) 사업예산 : 4,435억 원
   • 2011년 해·공군 생활관(동) 사업예산 : 2,395억 원
   $4,435 \times 0.5 = 2,217.5 < 2,395$이므로 2011년 해·공군 생활관(동) 사업예산은 육군생활관(대대) 사업예산의 50%를 넘는다.

③ • 2006년 사업예산 : $4,882+682+1,417=6,981$억 원
   • 2007년 사업예산 : $3,703+501+1,017=5,221$억 원
   • 2008년 사업예산 : $2,572+660+922=4,154$억 원
   • 2009년 사업예산 : $3,670+1,650+1,537=6,857$억 원
따라서 2006~2009년 중에서 전체 사업예산이 가장 많았던 해는 2006년이다.

282 정답 ③

✓ 정답분석

③ • 설악산을 좋아한다고 응답한 사람의 비율 : 38.9%
   • 지리산, 북한산, 내장산을 좋아한다고 응답한 사람의 비율 합 : $17.9+7+5.8=30.7\%$
   → $38.9 > 30.7$

✗ 오답분석

① 한국인이 가장 좋아하는 산은 설악산(38.9%)이다.

② 연 1회 이상 등산을 한다고 응답한 사람의 비율은 $100-17.4=82.6\%$이다.

④ 한국인에게 선호도가 높은 3개의 산은 설악산, 지리산, 북한산이다. 응답 비율의 합은 $38.9+17.9+7=63.8\%$이다.

283 정답 ②

✓ 정답분석

㉠ 표에서 등록 대수를 연대별로 살펴보면 지속적으로 증가하고 있음을 확인할 수 있다.

㉣ • (2013년의 전년 대비 증감비)
   $$= \frac{1,540-1,493}{1,493} \times 100 ≒ 3.1\%$$
   • (2018년의 전년 대비 증감비)
   $$= \frac{1,794-1,733}{1,733} \times 100 ≒ 3.5\%$$

✗ 오답분석

㉢ 전년 대비 증가 대수가 가장 많았던 해는 2011년이다.

㉡ (2015년의 전년 대비 증감비)
   $$= \frac{1,643-1,590}{1,590} \times 100 ≒ 3.3\%$$

284 정답 ②

✓ 정답분석

② 세 지역 모두 핵가족 가구 비중이 더 높으므로 핵가족 가구 수가 더 많다는 것을 알 수 있다.

✗ 오답분석

① 부부 가구의 구성비는 B지역이 가장 높다.

③ 확대가족 가구의 비중이 가장 높은 곳은 C지역이지만 이 수치는 비중이므로 가구 수는 알 수 없다.

④ 1인 가구는 기타 가구의 일부이므로 1인 가구만의 비중은 알 수 없다.

PART 04 자료해석

285 정답 ③

✓ 정답분석

③ 독일과 일본의 국방예산 차액은 461−411=50억 원이고, 영국과 일본의 차액은 487−461=26억 원이다.
따라서 영국과 일본의 차액은 독일과 일본의 차액의 $\frac{26}{50}\times100=52\%$를 차지한다.

✕ 오답분석

① 국방예산이 가장 많은 국가는 러시아(692억 원)이며, 가장 적은 국가는 한국(368억 원)으로 두 국가의 예산 차액은 692−368=324억 원이다.
② 사우디아라비아의 국방예산은 프랑스의 국방예산보다 $\frac{637-557}{557}\times100\fallingdotseq14.4\%$ 더 많다.
④ 8개 국가 국방예산 총액은 692+637+487+461+411+368+559+557=4,172억 원이며, 한국이 차지하는 비중은 $\frac{368}{4,172}\times100\fallingdotseq8.8\%$이다.

286 정답 ③

✓ 정답분석

③ A국과 F국을 비교해 보면 참가선수는 A국이 더 많지만, 동메달 수는 F국이 더 많다.

✕ 오답분석

① 금메달은 F>A>E>B>D>C 순서로 많고 은메달은 C>D>B>E>A>F 순서로 많다.
② 참가선수가 가장 적은 국가는 F로 메달 합계는 6위이다.
④ 참가선수와 메달 합계의 순위는 동일하다.

287 정답 ③

✓ 정답분석

③ 가장 적게 보냈던 2019년의 1인당 우편 이용 물량은 96통 정도이므로, 365÷96≒3.80이다. 즉, 3.80일에 1통은 보냈다는 뜻이므로, 4일에 한 통 이상은 보냈다.

✕ 오답분석

① 증가와 감소를 반복한다.
② 2011년에 가장 높았던 것은 맞으나, 2019년에 가장 낮았다. 꺾은선 그래프와 혼동하지 않도록 유의해야 한다.
④ 접수 우편 물량은 2018 ~ 2019년 사이에 증가했다.

288 정답 ④

✓ 정답분석

④ • 2011 ~ 2012년 사이 축산물 수입량은 약 10만 톤 감소했으나, 수입액은 약 2억 달러 증가하였다.
• 2016 ~ 2017년 사이 축산물 수입량은 약 10만 톤 감소했으나, 수입액은 변함이 없다.

289 정답 ②

✓ 정답분석

② 폐기물을 통한 신재생에너지 공급량은 2014년에 감소하였으므로 옳지 않은 설명이다.

✕ 오답분석

① 2015년 수력 공급량은 792.3천 TOE로, 같은 해 바이오와 태양열 공급량의 합인 754.6+29.3=783.9천 TOE보다 크다.
③ 2015년부터 수소・연료전지를 통한 공급량은 지열을 통한 공급량을 추월한 것을 확인할 수 있다.
④ 2016년부터 전년 대비 공급량이 증가한 신재생에너지는 태양광, 폐기물, 지열, 수소・연료전지, 해양의 5가지이다.

290 정답 ④

✓ 정답분석

전년 대비 신재생에너지 총 공급량의 증가율은 다음과 같다.

• 2014년 : $\frac{6,086.2-5,858.4}{5,858.4}\times100\fallingdotseq3.9\%$

• 2015년 : $\frac{6,856.2-6,086.2}{6,086.2}\times100\fallingdotseq12.7\%$

• 2016년 : $\frac{7,582.7-6,856.2}{6,856.2}\times100\fallingdotseq10.6\%$

• 207년 : $\frac{8,850.7-7,582.7}{7,582.7}\times100\fallingdotseq16.7\%$

따라서 전년 대비 신재생에너지 총 공급량의 증가율이 가장 큰 해는 2017년이다.

고난도 문제

291 정답 ④

✓ **정답분석**

- 1차 면접시험 응시자를 x명이라고 하면 2차 면접시험 응시자는 $0.6x$명이다.
- 2차 면접시험의 남성 불합격자가 63명이고 남녀 성비가 7 : 5이므로 여성 불합격자를 a명이라 하면 $7 : 5 = 63 : a$, $7a = 5 \times 63 \rightarrow a = 45$이므로 여성 불합격자는 45명이다. 즉, 2차 면접시험 불합격자의 총인원은 $63 + 45 = 108$명이다.
- 세 번째 조건에서 2차 면접시험 합격자가 2차 면접시험 응시자의 40%이므로 불합격자는 60%이다. 2차 면접시험 불합격자가 108명이므로 2차 면접시험 응시자는 $108 \div 0.6 = 180$명이고, $0.6x = 180$에서 $x = 300$이다.

따라서 1차 면접시험 합격자는 $300 \times 0.9 = 270$명이다.

292 정답 ④

✓ **정답분석**

- 2020년 게임산업 수출액 중 가장 높은 비중을 차지하는 지역은 E국이다.
  2020년 전체 수출액 대비 E국의 수출액이 차지하는 비중을 구하면 $\dfrac{9,742}{29,354} \times 100 = 33.2\%$이다.
- 2020년 게임산업 수입액 중 가장 높은 비중을 차지하는 지역은 B국이다.
  2020년 전체 수입액 대비 B국의 수입액이 차지하는 비중을 구하면 $\dfrac{6,002}{6,715} \times 100 = 89.4\%$이다.
∴ 구하는 값은 $89.4\% - 33.2\% = 56.2\%$이다.

293 정답 ②

✓ **정답분석**

② 2005년 대비 2010년 한국의 이산화탄소 배출량의 증가율 :
$\dfrac{562.92 - 469.1}{469.1} \times 100 = \dfrac{93.82}{469.1} \times 100 = 20\%$

✗ **오답분석**

① 2010년 이산화탄소 배출량이 가장 많은 국가는 중국이며, 2010년 중국의 이산화탄소 배출량은 이란의 이산화탄소 배출량의 $\dfrac{7,126}{509} = 14$배이다.

③ • 영국의 2006년과 2010년 이산화탄소 배출량 차이 : $534.7 - 483.5 = 51.2$백만 톤
   • 일본의 2006년과 2010년 이산화탄소 배출량 차이 : $1,205.0 - 1,143.1 = 61.9$백만 톤

④ 2008년 이산화탄소 배출량이 많았던 5개 국가를 순서대로 나열하면, 중국(6,506.8백만 톤), 미국(5,586.8백만 톤), 러시아(1,593.4백만 톤), 인도(1,438.5백만 톤), 일본(1,154.3백만 톤)이다.

294 정답 ④

✓ **정답분석**

㉠ 2017년 대비 2019년 의사 수의 증가율은 $\dfrac{11.40 - 10.02}{10.02} \times 100 = 13.77\%$이고, 간호사 수의 증가율은 $\dfrac{19.70 - 18.60}{18.60} \times 100 = 5.91\%$이다. 따라서 의사 수의 증가율은 간호사 수의 증가율보다 $13.77 - 5.91 = 7.86\%$p 높다.

㉢ 2010 ~ 2014년 동안 의사 한 명당 간호사 수를 구하면 다음과 같다.

- 2010년 : $\dfrac{11.06}{7.83} = 1.41$명
- 2011년 : $\dfrac{11.88}{8.45} = 1.40$명
- 2012년 : $\dfrac{12.05}{8.68} = 1.38$명
- 2013년 : $\dfrac{13.47}{9.07} = 1.48$명
- 2014년 : $\dfrac{14.70}{9.26} = 1.58$명

따라서 2014년의 의사 한 명당 간호사 수가 약 1.58명으로 가장 많다.

㉣ 2013 ~ 2016년까지 간호사 수의 평균은 $\dfrac{13.47 + 14.70 + 15.80 + 18.00}{4} = 15.49$만 명이다.

✗ **오답분석**

㉡ 2011 ~ 2019년 동안 전년 대비 의사 수의 증가량이 2천 명 이하인 해는 2014년이다. 2014년의 의사와 간호사 수의 차는 $14.7 - 9.26 = 5.44$만 명이다.

295 정답 ①

✓ **정답분석**

서울과 6대 광역시의 가맹점 수를 더한 값이 전체 가맹점 수와 같으므로 서울과 6대 광역시를 제외한 나머지 지역에는 프랜차이즈가 위치하지 않는다.

① 중규모 가맹점과 대규모 가맹점이 모두 서울 지역에 위치하고 있다면 이 둘의 결제 건수의 합인 4,758건이 모두 서울 지역에서 발생한 것이 되므로 서울 지역의 결제 건수인 142,248건에서 4,758건을 뺀 137,490건이 최소로 가능한 건수이다.

× 오답분석

② 6대 광역시 가맹점의 결제 건수 합은 $3,082+291+1,317$ $+306+874+205=6,075$건으로 $6,000$건 이상이다.

③ 가맹점 규모별 결제 건수 대비 결제 금액을 구하면 다음과 같다.

- 소규모 : $\dfrac{250,390}{143,565} ≒ 1.74$만 원

- 중규모 : $\dfrac{4,426}{3,476} ≒ 1.27$만 원

- 대규모 : $\dfrac{2,483}{1,282} ≒ 1.94$만 원

④ 전체 가맹점 수에서 서울 지역 가맹점 수 비중은 $\dfrac{1,269}{1,363} \times 100 ≒ 93\%$이다.

296 정답 ④

✓ 정답분석

④ • 영남지역의 기초생활급급자 수
  : $1,346+688+225+1,419+1,201=4,879$명
- 영남지역의 차상위계층 수
  : $335+204+36+737+690=2,002$명
- 영남지역의 차상위초과 수
  : $591+364+53+1,014+1,105=3,127$명
- 영남지역 전체 노인돌봄서비스 이용자 수
  : $4,879+2,002+3,127=10,008$명
  → $\left(10,008 \times \dfrac{50}{100} = 5,004\right) < (2,022+3,127=5,149)$

즉, 영남지역 전체 노인돌봄서비스 이용자 수에서 차상위계층과 차상위초과 이용자 수가 차지하는 비중은 50%를 넘는다.

× 오답분석

① 제시된 자료를 보면 충남을 제외한 모든 지역의 노인돌봄서비스 이용자 수는 기초생활수급, 차상위초과, 차상위계층 순으로 많음을 알 수 있다.

② 수도권지역 노인돌봄서비스의 차상위계층 이용자 수를 구하면 $355+199+666=1,220$명이다.
$1,220 \div 2 = 610 < 666$이므로 옳은 설명이다.

③ • 호남지역의 기초생활급급자 수
  : $1,109+1,761+1,425 = 4,295$명
- 호남지역의 차상위계층 수 : $358+863+1,159=2,380$명
- 호남지역의 차상위초과 수
  : $549+1,014+1,305=2,868$명
- 호남지역 전체 노인돌봄서비스 이용자 수
  : $4,295+2,380+2,868=9,543$명

따라서 호남지역 전체 노인돌봄서비스 이용자 중 기초생활수급자가 차지하는 비율은 $\dfrac{4,295}{9,543} \times 100 ≒ 45\%$이다.

297 정답 ①

✓ 정답분석

도보를 이용하는 직원은 $1200 \times 0.39 = 468$명이고, 버스만 이용하는 직원은 $1200 \times 0.45 \times 0.27 ≒ 146$명으로 모두 $468+146=614$명이므로 이 중 25%는 $614 \times 0.25 ≒ 154$명이다. 30분 초과 45분 이하인 인원에서 도보 또는 버스만 이용하는 직원을 제외하면 $260-154=106$명이 된다.

따라서 이 인원이 자가용으로 출근하는 전체 인원에서 차지하는 비중은 $\dfrac{106}{1,200 \times 0.16} \times 100 ≒ 55\%$이다.

298 정답 ③

✓ 정답분석

③ 연도별 전시 1회당 문화재 반출 허가 횟수를 구하면 다음과 같다.

구 분	반출 허가 횟수	전시 횟수	회당 반출 허가 횟수
2007년	924	18	51.3
2008년	330	10	33
2009년	1,414	28	50.5
2010년	1,325	24	55.2
2011년	749	9	83.2
2012년	1,442	21	68.7
2013년	1,324	20	66.2
2014년	1,124	23	48.9

따라서 전시 1회당 문화재 반출 허가 횟수가 가장 많은 해는 2011년이다.

× 오답분석

① 전년 대비 반출 허가 횟수가 증가한 해는 2009년, 2012년 뿐이다.

② 일반 동산 문화재의 반출 허가 횟수가 가장 많았던 해는 2012년으로 총 1,442점의 문화재에 대해 반출허가가 있었다.

④ 국보의 반출 허가 횟수가 가장 많은 해는 2007년으로, 2007년의 지정 문화재는 22점에 대해 반출이 허가되었다.

✔ **정답분석**

③ 2019년 제2군 감염병 발생자 수 중 전년 대비 증가한 병은 백일해, 일본뇌염, 수두이다.

2019년 세 감염병 발생 수의 전년 대비 증가율을 각각 구하면 다음과 같다.

- 백일해 : $\dfrac{205-88}{88} \times 100 ≒ 132.95\%$

- 일본뇌염 : $\dfrac{40-26}{26} \times 100 ≒ 53.85\%$

- 수두 : $\dfrac{46,330-44,450}{44,450} \times 100 ≒ 4.23\%$

즉, 2019년 제2군 감염병 중 백일해의 전년 대비 발생 증가율이 가장 높다.

✘ **오답분석**

① 2018년과 2019년의 제1 ~ 4군의 감염병 발생자 수를 구하면 다음과 같다.

- 제1군 감염병 발생자 수
  - 2018년 : $251+37+110+111+1,307=1,816$명
  - 2019년 : $121+44+88+71+1,804=2,128$명
- 제2군 감염병 발생자 수
  - 2018년 : $88+442+25,286+26+44,450=70,292$명
  - 2019년 : $205+7+23,448+40+46,330=70,030$명
- 제3군 감염병 발생자 수
  - 2018년 : $638+5,809+61+8,130+58=14,696$명
  - 2019년 : $699+7,002+37+9,513+104=17,355$명
- 제4군 감염병 발생자 수
  - 2018년 : $165+8+1+13+2+55=244$명
  - 2019년 : $255+27+2+9+4+79+185=561$명

즉, 2019년의 제2군 감염병 발생자 수는 전년 대비 감소하였고, 나머지 감염병 발생자 수는 전년 대비 증가하였다.

② • 2018년의 제1군 감염병 발생자 수 : 1,816명
  • 2018년의 A형간염 발생자 수 : 1,307명

2018년 제1군 감염병 발생자 수 중 A형간염 발생자 수가 차지하는 비율은 $\dfrac{1,307}{1,816} \times 100 ≒ 71.97\%$이다.

  • 2019년의 제1군 감염병 발생자 수 : 2,128명
  • 2019년의 A형간염 발생자 수 : 1,804명

2019년 제1군 감염병 발생자 수 중 A형간염 발생자 수가 차지하는 비율은 $\dfrac{1,804}{2,128} \times 100 ≒ 84.77\%$이다.

즉, 2019년의 제1군 감염병 전체 발생자 수 중 A형간염 발생자 수가 차지하는 비중은 2018년보다 증가하였다.

④ 제시된 자료를 보면 2018년에 발생자 수가 없던 MERS가 2019년에 제4군 감염병 중 2번째 높은 순위를 기록하며 2018년과 발생자 수 순위의 변동이 있었다.

✔ **정답분석**

- 네 번째 조건 : 2009년 대비 2019년 독신 가구 실질세 부담률이 가장 큰 폭으로 증가한 국가는 (다)이다. 즉, (다)는 포르투갈이다.
- 첫 번째 조건 : 2019년 독신 가구와 다자녀 가구의 실질세 부담률 차이가 덴마크보다 큰 국가는 (가), (다), (라)이다. 네 번째 조건에 의하여 (다)는 포르투갈이므로 (가), (라)는 캐나다, 벨기에 중 한 곳이다.
- 두 번째 조건 : 2019년 독신 가구 실질세 부담률이 전년 대비 감소한 국가는 (가), (나), (마)이다. 즉, (가), (나), (마)는 벨기에, 그리스, 스페인 중 한 곳이다. 첫 번째 조건에 의하여 (가)는 벨기에, (라)는 캐나다이다. 따라서 (나), (마)는 그리스와 스페인 중 한 곳이다.
- 세 번째 조건 : (마)의 2019년 독신 가구 실질세 부담률은 (나)의 2019년 독신 가구 실질세 부담률보다 높다. 즉, (나)는 그리스, (마)는 스페인이다.

우리 인생의 가장 큰 영광은
결코 넘어지지 않는 데 있는 것이 아니라
넘어질 때마다 일어서는 데 있다

- 넬슨 만델라 -

2024 SD에듀 육·해·공군·해병대 부사관
KIDA 간부선발도구 + 고난도문제 Final 300제 한권으로 끝내기

개정12판1쇄 발행	2024년 01월 05일 (인쇄 2023년 11월 22일)
초 판 발 행	2013년 08월 05일 (인쇄 2013년 07월 02일)
발 행 인	박영일
책 임 편 집	이해욱
편 저	부사관수험기획실
편 집 진 행	박종옥·주민경
표지디자인	하연주
편집디자인	김기화·곽은슬
발 행 처	(주)시대고시기획
출 판 등 록	제10-1521호
주 소	서울시 마포구 큰우물로 75 [도화동 538 성지 B/D] 9F
전 화	1600-3600
팩 스	02-701-8823
홈 페 이 지	www.sdedu.co.kr
I S B N	979-11-383-6354-9 (13390)
정 가	20,000원